安徽省高峰学科（安徽大学马克思主义理论）经费资助

虚拟现实中身体与技术的哲思

苏　昕◎著

中国科学技术大学出版社

内 容 简 介

本书运用梅洛-庞蒂身体知觉理论以及"侵越"关系提法,结合伊德的人与技术关系理论、马克思主义科学技术哲学中的身体观理论,从虚拟现实技术锚定的虚拟知觉空间出发,以身体图式为基础,通过知觉来感知技术塑造的虚拟现实,包括身体对技术、技术对身体两个方向的具体论述,在身体获得知觉的动态过程中阐释身体与技术的回环结构,并把结论放到虚拟现实技术前沿的实践情境,从现象学层面探讨一般性和特殊性。

本书受安徽省高峰学科(安徽大学马克思主义理论)经费资助,可供对科学技术哲学感兴趣的师生和大众读者参阅。

图书在版编目(CIP)数据

虚拟现实中身体与技术的哲思 / 苏昕著. -- 合肥:中国科学技术大学出版社,2024.11. -- ISBN 978-7-312-06012-0

Ⅰ. TP391.98

中国国家版本馆 CIP 数据核字第 2024FF6515 号

虚拟现实中身体与技术的哲思

XUNI XIANSHI ZHONG SHENTI YU JISHU DE ZHESI

出版	中国科学技术大学出版社
	安徽省合肥市金寨路 96 号,230026
	http://press.ustc.edu.cn
	http://zgkxjsdxcbs.tmall.com
印刷	安徽省瑞隆印务有限公司
发行	中国科学技术大学出版社
开本	710 mm×1000 mm 1/16
印张	12.75
字数	208 千
版次	2024 年 11 月第 1 版
印次	2024 年 11 月第 1 次印刷
定价	55.00 元

前　　言

　　虚拟现实技术在现阶段依然存在给受众造成晕动症,以及头戴过重等问题,追根溯源也会回到身体与技术关系问题的原点。虚拟现实技术的出现与发展催生了相关的哲学理论前瞻的内在动力,技术哲学现象学派关于单技术视域下人与技术关系的诠释很难适用于人机融合的高技术情境,用物质框架下的关系解释虚拟框架下的关系显得力不从心。因此传统的单技术的身体与技术理论内涵的丰富和调整成为必然,从而让人更好地提高对身体、技术、身体与技术以及世界关系的认知,并尝试给虚拟现实技术痛点提供现象学的解决路径。

　　本书通过现象学还原法、多重视角法、案例研究法等方法,运用梅洛-庞蒂(Maurice Merleau-Ponty)身体知觉理论以及"侵越"关系提法,结合伊德(Don Ihde)的人与技术关系理论(亦称人-技关系理论)等技术哲学现象学理论,同时运用马克思主义科学技术哲学中的相关理论,从虚拟现实技术锚定的虚拟知觉空间出发,以身体图式为基础,通过知觉来感知技术塑造的虚拟现实,包括身体对技术、技术对身体两个方向的具体论述,在身体获得知觉的动态过程中阐释身体与技术的回环结构,并把结论放到虚拟现实技术前沿的实践情境,从现象学层面探讨一般性和特殊性。

　　本书通过现象学进路来探究现实技术中的身体与技术。梅洛-庞蒂现象学理论以及相关现象学理论在新时代的技术情境下是否具有现实意义? 论证技术现象理论是否具有可适用性? 以上述疑问为切入点,打破现象学理论和新技术之间的隔膜，用现象学理论来证明具象技术中的现象学经典谜题，同时技术前沿情境下的现象学理论的研究又为现象学理论增添了新的时代内容。最终再把明晰的框架理论放到虚拟现实技术前沿中讨论合理性。

本书的具体研究内容主要从以下五个方面展开：

第一，对虚拟现实相关概念进行词源、内涵和外延的界定，并论述技术中的虚与实、虚拟现实和客观实在的区别与联系等问题，从主体、客体、界面三个角度来论述技术场域中何为实、何为虚。在概念辨析基础上展开研究。

第二，对于梅洛-庞蒂的现象学思想进行论述和追溯，对胡塞尔的"还原"现象学理论、海德格尔的"存在主义"现象学理论进行思考，并对伊德的"三种身体"理论进行现象学审视，讨论新技术视域下的"四种关系"。对技术哲学中身体的概念进行现象学还原，并从真实身体与虚拟身体两个维度展开关于具象技术情境下身体本质的探讨。

第三，从身体本位出发探讨虚拟现实技术情境下身体对技术的建构作用和存在机制。结合惯性动捕系统的例子来阐释技术链的构建基于身体动觉的捕捉，技术尝试构建"虚拟身体"以便更好地与真实身体发生交互。身体技术与虚拟现实技术有内在同构效应，技术设计参照于身体，技术经验来源于身体实践。现阶段的技术设计以及技术经验的创新还离不开身体，要求身体必须在场。

第四，虚拟现实技术对于身体的感觉和知觉维度有着特殊影响。技术调节身体的知觉内容，技术参与构建身体的知觉结构，在虚拟空间中逐渐形成技术身体，并尝试推论技术情境中身体与技术的"侵越"结构和关系。

第五，论述智能时代的虚拟现实技术在具体运用中的身体与技术的结构性关系。尝试论证虚拟现实绘画、虚拟现实运动等新形式下的身体与技术，分析虚拟现实晕动症的现象学原因，并尝试讨论虚拟现实电影中技术"奇点"的具身形态,以及在思政课教学实践中以虚拟现实技术为代表的数字技术如何构建具体融合路径和实践机制。将上述研究已得出的身体与技术理论放在虚拟现实技术新形式下进行思考,并讨论其特殊性,对技术的现象学研究路径进行考察和反思。通过具体案例来检验结论,拓展技术现象学相关理论外延,并尝试给技术问题提供解决方向。

苏　昕

2024 年 7 月 10 日

目　　录

第1章 绪 论

1.1 研究背景与意义

1.1.1 研究背景

1. 社会背景

虚拟现实(Virtual Reality,VR)技术由来已久,随着时代的发展,智能时代虚拟现实技术的内涵也不断丰富。研发者借助网络传输、近眼显示、渲染处理和人工智能等新一代信息通信技术,构建虚实结合的各种感觉,如集视觉、听觉、触觉、嗅觉等知觉为一体的虚拟环境。受众借助头显及其他相关设备,与虚拟空间中的物体产生一定的交互动作,获得身临其境的感知和体验。

在未来教育大会(GES)、全球移动互联网大会(GMIC)、世界移动通信大会(MWC)、全球虚拟现实大会(GVRC)以及2019世界VR产业大会上,虚拟现实获得了极高的关注。各种研究机构对于虚拟现实技术的研发也进入了新的阶段。与此同时,民众对于这项技术的关注度也日趋高涨。随着5G时代的发展,虚拟现实技术的发展与应用迎来了新的挑战与机遇。2019世界VR产业大会以"VR让世界更精彩——VR 5G开启感知新时代"为主题,推动5G赋能VR产业发展。虚拟现实技术在5G时代应该会更多地改变人们的生活方式、交往方式,成为虚拟世界与现实世界的通道,给整个人类社会带来更为深远的影响。

从虚拟现实课堂到虚拟现实实验室,从虚拟现实沉浸式影院到虚拟现实看房,虚拟现实技术已经走入普通人的生活。每个人都无可避免地与新技术接触,不断通过学习来使用它,进而形成身体的习惯。在与虚拟现实技术物的交互中,技术物使得身体相信自己处在真实空间之中,即虚拟现实技术沉浸性的特征,加上其交互性和多感知的特征,使受众调动身体的知觉与技术物进行互动,进而产生恍若处在真实空间的错觉。

人类历史的推进和技术的发展密不可分。快速发展的技术,使得人们生活在一个又一个技术场中,影响着人们生活的方方面面。技术的变革带来自然和人文社会的种种变化,使得人们或主动、或被动地面对并反思人与技术的关系。技术需要身体在场配合,技术对身体产生影响的同时又离不开身体,技术与身体的互动至关重要。身体与技术关系问题的显现是导致技术问题出现的因素之一。与此同时,新技术的出现总是引来人们对身体的关注。在虚拟现实技术中,比如最近才出现的 VR 绘画,以及新冠病毒疫情期间呈爆发式增长的 VR 健身等技术形式,它们在给艺术创作方式和生活方式带来影响的同时,又带来了怎样的哲学思考与规约?身体在面对技术爆发现象出现的时候,怎样才能调整到更合适的位置以适应呢?在这些技术形式中,本书得出的结论是否还适用呢?它们具有怎样的一般性和特殊性呢?虚拟现实技术具体形式中的身体与技术具有怎样的关系呢?这都是本书将要讨论的话题。

虚拟现实技术到现阶段依然存在给受众造成晕动症,以及头戴过重等问题,追根溯源也会回到身体与技术关系问题的原点。同时,虚拟现实技术强调与听觉、视觉、嗅觉、触觉等其他身体知觉相结合,处理好身体与技术的关系问题,在一定程度上为解决技术难题提供了路径。本书从技术现象学派的理论出发来探讨虚拟现实技术的发展路径,并尝试从技术现象学出发来给虚拟现实技术发展提供理论引导。

2. 研究背景

在古典技术哲学领域,哲学家们很少讨论身体与技术的关系。身体与技术关系理论直到 20 世纪下半叶才被现象学家重视起来,逐渐进入主流视野,并快速发展为技术哲学研究的中心命题之一。传统的西方哲学理论中身体处于较低的地位,多强调身体处于心灵、意识的主宰和笼罩之下,从苏格拉底到柏拉图,西方哲学走上了以心为主导的道路,强调心灵是最优越的品格,而身体则是物欲的化身,强调心灵的重要性而贬低身体的地位。柏拉图的灵魂学说将身体置于被支配地位,灵魂高于身体。笛卡儿的身心二元论将身体和心灵看成两个分离的个体,他认为我们对于物体的认知是通过理性功能,而非想象和感官感知,再一次贬低了具有感性性质的身体。黑格尔的哲学理论中始终没有赋予身体以应有的地位,将身体阐释为心灵的外在表现。梅洛-庞蒂对于身体的阐释突破了传统二分法,以心物交融的身体理论取代身心二元论,并突破传统西方哲学理论,尤其是身心二元论中"身体是心灵表象"的表达。梅洛-庞蒂从意义理论以及"侵越"的身体与世界关系中突出身体的主体地位,同时,身体图式的格式塔理论也奠定了身体与世界关系理论的基础。梅洛-庞蒂的知觉理论突出了知觉的首要性地位,不再局限于传统的纯粹意识的论断,伯格曼、伊德、维贝克等技术哲学现象学家也在身体理论和人与技术关系理论及伦理学层面有所论述。

其中,伊德对于人与技术四种关系的描述是具有开创意义的:① 具身关系,指技术物是身体的一种延伸,像眼镜之类的技术物,人们在使用的过程中会逐渐忘记技术物的存在,强调透明化,进而演化成为一种具身关系;② 背景关系,指人在与技术物的交互过程中,技术物逐渐后退,进而成为一种背景(如空调),人们在使用的过程中,技术物与人是一种背景关系;③ 解释关系,指人通过技术物来感知外界的信息,通过读取数据或是物体呈现的形式来了解世界;④ 他者关系,指技术物和人是不同个体,呈现为一种他者关系。这四种关系在眼镜、空调、壁炉、温度计等案例中被提炼出来。但随着技术的发展,虚拟现实技术、人工智能技术等新一代复杂性技术的出现与融合使得伊德的人与技术四种关系理论已经不具有较好的适用性。通过提炼后的结构化论述,我们可以看出,伊德的人与技术理论的技术物是单技术物,人与技术的关系强调的也是一种物质性的关系,而这种论述已经不适用于虚拟现实技术了。

新技术的发展对传统的身体与技术交互带来了新问题,单技术的身体与技术理论在一定程度上不适用于高技术的场域。虚拟现实技术的产生与发展催生了相关的哲学理论发展的内在动力,传统的单技术的身体与技术理论内涵的丰富与调整成为一种必然,势必让人更好地提高对身体、技术、身体与技术以及世界关系的认知。

技术现象学的还原方法视角是分析现象学理论的突破口,是探寻事物本质具有优越性的一种研究方法。现象学着眼于"意识现象",即"回到事实本身",通过现象学的还原方法,以一种直观明证的方式对相关哲学概念进行回溯,追溯到概念的发展源头上来。用这一方法分析事物有利于看清本质,探究关系的本质层面。

因此,本书研究的问题定位于:拟通过身体从这种虚拟现实技术构建的"现实"中获取知觉的动态过程,来探讨身体与技术的关系。运用梅洛-庞蒂的"侵越"的关系提法,包括身体对技术的"侵越"和技术对身体的"侵越"两个方向。以梅洛-庞蒂的知觉现象学理论,以及技术哲学现象学派相关理论为基础,以当今技术发展阶段的虚拟现实技术为背景,探讨超脱于单技术的基础性关系的复杂的身体与技术关系。

本书探究组合而成的格式塔系统关系,超脱物质框架,进而探究物质框架和虚拟框架结合下的身体与技术关系。拟在身体获得知觉的动态过程中建立身体与技术的回环结构和关系模型,并把这种关系模型放到虚拟现实技术的实践场景中,从理论回归实践检验,论述其一般性和特殊性的同时,尝试分析技术前沿痛点的现象学解决路径,最终预测未来技术发展的身体与技术关系。

1.1.2　研究意义

1. 理论意义

用现象学方法探讨身体与技术的关系有利于丰富现象学技术哲学理论内涵,尤其是虚拟现实技术视域下的身体与技术关系,为技术现象学派的知觉现象学理论和身体与技术理论增添了新的时代内容。现象学派则集中于伊德提出的人与技术四种关系理论,其他学派部分学者也常用这四种关系来研究不同情境下人与技术的关系。伊德的人与技术四种关系更偏向于单技术,但技术发展至现代,前沿技术如虚拟现实技术、人工智能技术等在内的高技术产生了哲学原理的悬置,存在着一定层面的断层,依然用伊德的人与技术四种关系来讨论则具有一定的不适用性。探究高技术的身体与技术关系是当代现象学派理论与时俱进的表现。通过研究身体知觉的还原与技术结构的对应,有利于知觉现象学的发展。将物质框架下的身体与技术关系研究套用到虚拟框架下的时候,则呈现出一定的不适应性,同时单技术的身体与技术关系研究不适用于复杂技术,所以对于虚拟现实技术这种虚实结合的复杂技术来说,本书的研究基于物质框架和虚拟框架相结合,从技术现象学层面探讨虚拟现实技术物质框架和虚拟框架的关系以及技术的最终走向。

新技术的发展对哲学理论内涵的丰富提出了新的要求。同时,梅洛-庞蒂的身体与知觉理论是否具有时代性,或者他的理论在新技术面前是否还有适用性都是值得思考的问题。"身体"与"人"的概念在本书探讨的现象学层面具有相似性,都强调身心一元的格式塔系统特征,"身体"相比于"人"具有感官知觉内容方面的侧重。所以本书在探讨关系理论时,尤其是对于伊德的人-技关系理论的分析,忽略"身体"与"人"概念的侧重细分差异,更着重于身体(人)与技术之间的关系研究。本书以梅洛-庞蒂的身体与知觉等现象学理论为出发点,结合伊德的人-技关系理论分析来探究新技术情境下的身体与技术的关系,进一步来证明梅洛-庞蒂的理论是否还具有适用性,同时也拓宽了现象学身体理论的边界。梅洛-庞蒂没有非常明确地探究身体与技术的关系,本书将身体理论放在技术情境中,丰富了梅洛-庞蒂身体现象学的理论内容。

本书借用了"侵越"的概念来描述身体与技术的双向的动态关系。"侵越"是梅洛-庞蒂后期作品中提出的概念,本是他用来形容本己身体拓展到身体与世界的关系。本书尝试性地讨论了为何用这个概念,以及用这个概念来描述身体与技术之间关系的特殊性,同时"侵越"的概念也使本书在讨论的过程中更加明晰身体与技术关系的具体内涵。

关于"侵越"概念的具体含义在后面的章节中会详细叙述。在知网、万方等数据库以及相关学术著作中检索"侵越",都没有发现用这个概念来研究身体与技术关系的文章内容,本书用"侵越"概念来描述身体与技术双向关系具有一定的创新性。

从身体-主体出发,用知觉现象学理论来深入探讨,有利于建立动态的、整体性的关系结构。味觉、嗅觉、视觉、触觉等感官知觉从来不是独立的个体,虚拟现实技术也在不断更新技术参数,提升沉浸感,进而达到对于真实感知的体验。虚拟现实技术和知觉现象学具有深层的、内在的同一性,都强调知觉的格式塔结构,而忽略割裂的、独立的感官知觉的观点,将知觉现象学的理论内容与虚拟现实技术结合起来分析,无疑是具有合理性的。

2. 实践意义

虚拟现实技术视域下的身体与技术关系探究从身体对于技术的"侵越"和

技术对于身体的"侵越"两个方向,包括身体、技术、世界的回环结构的建立,有助于研究者思维方式的创新,跳出传统"二分法"的模型,从静态思维转向动态思维,从单向思维转向结构性思维,从概念思维转向实践思维,运用现象学的多元分析视角进行学术研究,对处理现实问题具有重要的意义。

对世界、身体、虚拟现实技术三者之间的关系探讨是一种实践层面上的关系探讨,从现有的实践中总结出来,再回到实践中去,在具体的场域中去捶打得出的理论内容,检验其是否合理并做适当的修正和调整。本书选择几种虚拟现实技术的前沿表现形态,探究虚拟现实技术在具体的前沿技术中的一般性和特殊性。在检验本书得出的身体与技术的关系理论的真理性、不同场景的适用性的同时,探讨身体与技术关系这个命题呈现怎样不同的特征,即讨论身体与技术的关系的一般性与特殊性。在这个过程中,也为具体情境下技术的创新研发、疑难问题的解决提供了新的视角、新的方法、新的路径。

技术的内容更新与技术困境的突破依赖于技术工程师对技术前沿的敏锐洞察和对技术难关的攻克。从哲学层面来探讨,虚拟现实技术与身体是密切相关的,尤其对于身体感官知觉的联系是非常紧密的,如晕动症等这些受众体验的难题依然存在。从技术现象学的切口切入,从身体知觉的源生起点出发,运用还原视角分析,在一定程度上可以帮助解决技术工程师遇到的难题,即从身体本位出发,不断溯源,以一种还原的形式,而非以结果攻克难题的方式来研究,可帮助技术困境实现改善与突破。

本书为新技术发展情境下人与技术关系的和谐提供了理论内容。随着新技术的发展,尤其是随着5G时代的到来,5G+VR将成为产业发展的新引擎,教育、医疗等模式的新变革及如何处理好身体与技术的关系,是我们不得不面对和待解决的问题。技术的发展同样带来了一些伦理问题,如身体与技术的不和谐关系会导致身体面对技术物时出现不适应症状,身体所具有的安全、健康、自由、平等、尊严等道德伦理价值也会受到挑战。本书在现象学层面上提供了身体与技术和谐发展的新方案,从身体-主体的视角出发,在技术的不断发展过程中,身体也要不断调适,进而形成技术使用的习惯,技术身体的形成才能适应技术场的转换。由此,身体才能更好地适应技术时代的发展,不断创新。同时,技术才能更好地发挥作用,有利于营造人类的美好生活。

1.2　国内外研究综述

1.2.1　身体与技术理论研究现状

1. 国内研究现状

首先,是关于身体哲学观的综述。对身体概念的关注由来已久,中国哲学和西方哲学对于身体都给予了很多的关注。早在先秦时期,中国哲学就开始研究关于身体的哲学,比如孟子的"以气养身"以及庄子"形—气—神"的身体观。国内有关身体哲学的研究,如张再林关于中国身体哲学的研究就很深入,他于2008 年出版的著作《作为身体哲学的中国古代哲学》构建了一个历时性的"身体哲学"体系。美学研究领域的学者王晓华出版了三本关于身体美学的研究专著,分别是 2016 年出版的《身体美学导论》《西方美学中的身体意象》和 2018 年出版的《身体诗学》,从西方哲学中的身体视角展开讨论,尝试构建汉语美学系统。还有北京大学哲学系张学智,在其 2005 年发表的《中国哲学中身心关系的几种形态》中,阐明了中国历史上的大多数哲学家都持朴素的身心合一论的学说。他们大都在身心合一的前提下讨论身与心的互相影响。

其次,从技术哲学尤其是技术现象学的身体理论加以综述,展开讨论。技术的发展促进了社会的发展,技术水平与现代文明程度息息相关,对技术进行哲学反思则具有时代性意义,技术哲学因此逐步发展起来。新技术的发展带来了生活的变迁,技术越来越多地深入人们的生活,技术哲学越来越关注具体现象的哲学思考,技术现象获得了越来越多的关注。探究具体技术的身体与技术关系一定要涉及技术现象学内容,而且会突破二元论不得不研究梅洛-庞蒂知觉理论,探讨人-技关系理论的伊德的思想也受到梅洛-庞蒂知觉理论的影响。中山大学哲学系陈立胜在论述身心二元观点的时候,清楚阐明了笛卡儿身心二元论以及这种思维方式对于身体的压抑的困境,并追溯这种现象产生的背景和原因,强调了回归身体的语境。从身体-主体出发,人文主义思潮主张关注身体本身,相关话语日益发展壮大,并最终在马克思和尼采的论述基础上,确定了身心一元的身体观点。华东师范大学哲学系季晓峰在研究梅洛-庞蒂的身体表达理论时,提出梅洛-庞蒂论述了身体-主体的地位,并且肉身通过意向的投射而使得主客和心物交融,否定了西方传统身心二元论的观点。

杨大春于 2005 年出版的著作《杨大春讲梅洛-庞蒂》,李宏伟于 2012 年发表的《技术阐释的身体维度》和刘铮于 2018 年发表的《分析技术哲学的"难问题"及其身体现象学解决进路》等论文关注身体现象学、身心一元论、身体的地位、技术物的结构,进而衍生到伦理学等领域。他们把身体现象学当成方法论,提供了新的理论资源和解决思路。

除了综合性地探讨身体现象学内容和研究方法的转向之外,也有研究集中于具体思想代表人物及其理论论述。《海德格尔身体化生存的积极意义及其局限性:以马塞尔的具身化存在为参照》一文中,刘丽霞、张颖论述了《存在与时间》中"身体"在三个不同维度上的意义。① 关于研究梅洛-庞蒂的专著,杨大春于 2005 年在人民出版社出版了《感性的诗学》,这是国内第一部研究梅洛-庞蒂哲学思想的学术专著,此书从身体出发展开研究,在主流的背景中,即法国哲学的大环境下来谈梅洛-庞蒂,从历史的维度把梅洛-庞蒂的思想从早期现代哲学到后期现代哲学,再到后现代哲学的不断更迭中所起的作用进行了详细的阐述。张尧均于 2004 年发表《隐喻的身体——梅洛-庞蒂的身体现象学研究》,其后的相关研究也关注对梅洛-庞蒂身体现象学的研究,贯穿了梅洛-庞蒂早期、中期以及后期的身体现象学观点,从身体出发,研究身体与空间、实践、表达、运动以及言语等的关系,并且探讨了身体与自然、社会以及历史的关系。

再次,是身体与技术关系研究现状。本书是从历史的维度和哲学的视角来简要阐释。本书研究的"身体"是基于梅洛-庞蒂的身心合一的整体,将其看成是"人"的整体,前面也论述了"身体"与"人"的替代关系。从历史的角度来梳理身体与技术的关系,更多表述为人与技术关系。通常把身体与技术的关系放在技术发展的源头来探究,基于科学哲学、技术哲学、西方思想史和哲学史理论,其本质探究的是人与技术关系背后的哲学发展的进程和技术发展的历史,偏向哲学和史学的交叉内容。林德宏在 2003 年发表的《人与技术关系的演变》中把人与技术的关系分成三个阶段:古代的人与机器结合紧密的手工时代,近代的

---

① 刘丽霞,张颖.海德格尔身体化生存的积极意义及其局限性:以马塞尔的具身化存在为参照 [J].重庆理工大学学报(社会科学),2018,32(5):147.

人与技术不断分离的机器时代,现在的人与技术再一次结合的高技术时代。王治东在 2009 年发表的论文《自然观演变与技术发展之间的内在逻辑:兼谈自然观的辩证回归》,揭示了自然观的更迭对技术的影响,继而指出在不同的技术观的影响下产生了各个历史时期不同的人-技关系,历史地、辩证地看待人与技术的关系。① 相关的研究集中于对人-技关系在不同的时代呈现的不同特征,结合哲学的发展史,对人-技关系进行反思、解构和建构。

身体是我们与世界交互的第一场所,技术的发展给生活生产实践带来了翻天覆地的变化,当代新技术的发展带来了哲学层面的内在发展需求。伊德就人与技术关系提出"四种关系",详细地论述了不同技术物情境下的身体分类以及二者之间的关系。国内的学者也就相关理论展开论述,比如曹继东于 2013 年出版的《现象学的技术哲学——伊德技术哲学解析》,比较全面地阐释了伊德的技术哲学思想,其中包括伊德的三种身体理论以及人与技术关系理论。杨庆峰于 2007 年发表的《物质身体、文化身体与技术身体》对如何理解伊德的"身体三"以及它与技术工具论之间的关系进行了详细的论述。周午鹏于 2019 年发表的《技术与身体》中基于伊德的"技术具身"关系的论述也十分具有启发性意义。

对于身体与技术问题的探讨始于两者关系的互动,现象学提供了有利的视角,主要集中于具体技术视域下的身体与技术关系探究。基于新技术视域下的身体与技术关系的改变,帮助人们理解它们之间关系的同时,也尝试建构人、技术与世界的和谐的平衡关系。从现象学层面探讨具体技术中的人与技术关系的文章不多,比如关于生物识别技术的一篇硕士论文《现象学视域下技术介入身体研究——以生物识别技术为例》,把生物识别技术情境下的人与技术关系描述为介入技术,就是指身体与技术一体化的趋势,并从伦理学的视角探讨其合理性。《基于梅洛-庞蒂身体现象学的声景研究》主要关注声景的研究和设计性方向指导方面,基于身体现象学的属性和身体特征层面来进行分析,并提出了声景体验和设计的特性、特点。该文用技术反思理论指导实践,偏向于实践理论,哲学层面的探讨不够深入。与具体技术实践的结合,多落脚于最终技术的发展上,从哲学层面来探究技术的发展走向,但哲学层面的探讨不足。

---

① 王治东. 自然观演变与技术发展之间的内在逻辑:兼谈自然观的辩证回归 [J]. 南京林业大学学报(人文社会科学版),2009,9(3):44.

人与技术关系还有一种形式就是赛博格身体。赛博格的实质就是人与技术机器的密切交流与联合，即人与技术机器的共生共栖关系。关于赛博格关系的分析意在从理论和实践两个层面结合赛博格的具体形式展开讨论，但赛博格身体从本质上来说暗含着身体与技术的关系。有些文章，如周琛于 2018 年发表的《赛博格的身体观》和王亚芹于 2020 年发表的《后人类主义与身体范式的美学思考》，尝试从后人类主义的视角对赛博格身体观进行阐释，具有一定的启发意义。

2. 国外研究现状

首先，西方哲学中关于身体概念的研究是在二元论的背景下进行的。身心二元对立的观点延续了两千多年。在 20 世纪以前，学者们大多从身心二元的范畴出发来探讨身体理论，认为身体是人的意识的附庸，是物质欲望的载体，充满了感性思维，是非理性的根源，等等。这些理论逐步渗入人的日常习惯的意识概念范畴。20 世纪 80 年代以来，科技的迅猛发展带来生活的种种变化，西方思想界的哲学家们开始越来越多地关注身体问题，身体问题成为人们认知意向新的对象。当代社会中，随着技术的发展，身体这个容易被人忽视的存在体逐步进入了公共话语之中。梅洛-庞蒂看重人与世界的关系，将相关现象学理论放在"往世界中去"和"向世界展开来"的方向来讨论。

"意识"具有极高的优越性，而"身体"没有被关注和重视。恰如 2010 年哲学家布鲁克在他的著作《症状和表现》中提出：在传统西方哲学的主流语境中，主体通常是精神的代名词，身体（body）则似乎与人格（personality）、灵魂（soul）、心智（mind）没有实质关联。[①] 后逐渐被笛卡儿诠释为二元论立场："我拥有着思维而无广延的东西，我之为我，是因为我的灵魂而存在，这也是我为我存在的东西，若只有肉体，那又如何思考呢，没有肉体依然存在，这与思维具有根本性差异。"[②]20 世纪以后，现象学、实用主义、认知科学渐渐地开始肯定身体的意义，肯定身体的主体地位并且证明身体的高级精神获得的功能。相关研究文献也逐渐增多。梅洛-庞蒂作为现象学的代表人物之一，创新性地阐释了身

---

① Holmes B. The symptom and the subject: the emergence of the physical body in ancient Greece [M]. Princeton: Princeton University Press, 2010: 4.

② Descartes R. Key philosophical writings [M]. Hertfordshire: Wordsworth Editions Ltd. , 1997: 181.

体观点,确定了身心一元论的观点。

研究还集中于以下各领域:身体现象学探究身体对于人的源始性的地位,身体社会学探讨身体在社会生活中的符号性特征,身体在社会活动的组织架构中的地位和作用;身体政治学强调身体权力、身体话语,以及它们之间的关系;身体美学从美学的范畴来探讨基于本能、欲望的叙事资源。从哲学视角来探讨身体具有基础性作用,在看清身体的本质属性的基础之上,再进行实践和理论层面更深层次的研究。

其次,本书着眼于技术哲学与技术现象学的身体与技术理论研究。伊德在继承梅洛-庞蒂身体思想的同时,更加看重技术(如那个时代的虚拟现实技术)冲击带来的身体变化,并发表了一系列的论述。伊德的技术哲学思想,包括伊德的三种身体理论以及人与技术关系理论,关于物质身体、文化身体、技术身体的分类以及意义,"技术具身"关系的论述,还有解释学关系、背景关系以及它异关系,在不同技术场景中的身体与技术工具之间的论述都具有启发性意义。

知觉是研究身体与技术关系理论不可或缺的一个概念,知觉是哲学领域非常重要的论题,研究的范围包括关于知觉的本质和对象的本体论、知觉的认识论以及直觉与意向等关系的心灵哲学问题。知觉的理论内涵也随着时代的发展而不断被丰富。20 世纪上半叶,知觉尚未受到极高的关注,但是随着科学哲学、认知科学、神经科学等的快速发展,知觉作为其重要的构建因素受到了越来越多的重视,知觉哲学迅猛发展起来,成为哲学相关新学科的研究重点。知觉哲学的发展也呈现出不一样的特征,比如知觉哲学的现象学进路,本书综述主要集中于现象学的知觉研究。

以梅洛-庞蒂为代表的现象学派关于现象学知觉的讨论更多地关注知觉过程的终端产物,更多地讨论知觉像什么以及关于知觉经验的内容。国外学者比较突出的研究集中于讨论知觉经验的表征、知觉经验的本质、知觉的主体、知觉的对象、知觉的内容及其特征等知觉哲学问题。具体到现象学家,有关于笛卡儿的知觉理论、梅洛-庞蒂的知觉现象学思想发展历程、伊德的技术现象学理论里的关于知觉描述等内容的研究。

梅洛-庞蒂是现象学派的代表人物之一。学术界从近现代西方哲学的发展历程中来认识梅洛-庞蒂的现象学哲学,而且基于不同的哲学现象来探讨其理论贡献。从总体上进行解读的有 Hass 的《梅洛-庞蒂的哲学》、Carman 的《梅洛-庞蒂》、Kwant 的《梅洛-庞蒂的现象学哲学》、斯皮格伯格的《现象学运动》和 Ayer 的《20 世纪哲学》中的相关论述,这些英美哲学家的研究比较深入而且涉及的范围也比较广。从总体上来研究梅洛-庞蒂的哲学就是把梅洛-庞蒂的理论体系当成一个整体来研究,无论是 Hass 还是 Kwant,都阐明了梅洛-庞蒂现象学内容的不同阶段的特征及其理论侧重,提出梅洛-庞蒂研究内容的贡献。斯皮格伯格在其著作中提到,概观梅洛-庞蒂的著作,人们得到的第一个印象很可能是一种始终一贯的精神,并将梅洛-庞蒂理论内容和萨特等现象学家的理论进行比较,这种整体性研究有利于展现出其哲学理论的意义。Kwant 在其论述中侧重从整体视角来看知觉现象学的内容,同时也提出,如果将知觉现象学内容单独剥离,会损失对于其真正现象学内容的追溯及其意义的呈现,所以将知觉现象学放在整个理论体系内容上来理解,不仅有助于对梅洛-庞蒂哲学思想的整体把握,同时,更能突出知觉现象学在其研究成果中的重要地位。所以,从整体来研究梅洛-庞蒂哲学是现在研究的趋势。

除了整体性研究,还有就梅洛-庞蒂现象学的具体问题进行的研究。与该研究相关的身体理论,在梅洛-庞蒂的理论中占据着重要的地位,相关研究有 Langan 于 1966 年出版的《梅洛-庞蒂对理性的批评》,Madison 和 Brant 于 1974 年出版的《梅洛-庞蒂的现象学:对意识的界限的研究》等,还有 Stanstade 的《梅洛-庞蒂的逻辑:肉身的感知》等相关论文。无论是梅洛-庞蒂的现象学理论对理性的批评还是对意识界限的讨论,基点都要回归到身心关系的论述,梅洛-庞蒂的身体理论受到心理学的影响,将其阐释为格式塔的整体,并引入知觉概念来进行诠释,以揭示知觉结构的独特性特征,还从以知觉为基础的身体基础出发来探讨身体与世界以及身体与身体的关系。其他的研究还集中关注梅洛-庞蒂的后期现象学理论及其伦理问题的研究,从生存论领域进行社会学研究等内容。

1.2.2　虚拟现实技术理论研究现状

1. 国内研究现状

关于技术的哲学探究综述,其涉及的范围很广,主要有技术的本质、技术与伦理价值、具体技术的哲学视角解读等内容。复旦大学王世进在其博士论文《多维视野下技术风险的哲学探究》中,基于技术的本质,从自然与非自然特性,人化、社会化特性及其反面特征出发,探讨了技术的存在特征。同时,从历史的维度来考察技术在不同时代所显现的特性,以及技术风险和观点的演变。① 新技术的出现也引发了哲学层面的思考,比如人工智能等新技术的出现引发了技术哲学家的关注与讨论。关于人工智能的机器与语言的研究主题,关于科技与人文的结合层面来讨论技术的人文价值,对于技术的异化理论进行分析,从自然、社会、人文等视角进行的讨论层出不穷。

国内学者聚焦技术现象学的研究侧重不同,比较具有代表性的学者有韩连庆、曹继东、张正清等。韩连庆于2004年在《自然辩证法研究》上发表的《技术哲学研究中应该注意的三个问题》一文中,指出从海德格尔、胡塞尔以及梅洛-庞蒂等哲学家的理论出发,伊德汲取了这些哲学家的相关思考,并推进讨论了海德格尔的技术哲学理论。② 2009年,曹继东在《哲学动态》上发表的《技术文化观的现象学解析——论唐·伊德的技术文化观》论述了伊德的多元文化观,包括伊德关于各种技术影响的反思以及伊德的多元文化结构的构建和这种结构的稳定性思想,并对其不足展开讨论。2014年,张正清在《自然辩证法通讯》上发表的《用知觉去解决技术问题——伊德的技术现象学进路》从技术现象学视角来阐释知觉与身体等相关内容,并最终用技术悲观论和乐观论,借助知觉的概念来重新审视世界中的人与技术的关系。

落到具体技术,即虚拟现实技术的研究中,虚拟现实技术的出现激发了人们的创造力和想象力,用哲学的反思功能来看待新技术的同时,相关哲学理论的内涵要不断丰富时代内容、不断发展,对于技术的变革作出响应,哲学的发展也为虚拟现实技术的发展提供了新的方法和途径。虚拟现实技术的哲学层面尤其是从技术哲学出发来探讨虚拟现实技术的一般规律和人与技术的关系,有利于确立虚拟现实技术的发展方向,提高技术发展的效率和技术创新的能力。现有研究主要集中于虚拟现实技术的本体论、认识论和实践论层面。

从本体论层面来探讨虚拟现实技术的研究集中于虚拟现实技术中的现实到底是不是真的"现实"。肖峰、章铸、毛牧然、陈凡、陈志伟、陈晓荣、张之沧、邬焜等许多学者从传统哲学出发,有的延伸到信息哲学的层面来探讨,大大推动和深化了对虚拟现实的本体论问题的研究。

---

① 王世进. 多维视野下技术风险的哲学探究 [D]. 上海:复旦大学,2012.
② 韩连庆. 技术哲学研究中应该注意的三个问题 [J]. 自然辩证法研究,2004(1):56.

从认识论层面讨论虚拟现实技术，是因为虚拟现实技术在一定程度上对认知的范式产生了影响。虚拟现实技术延伸了主体的感觉器官，拓展了知识的来源，使得认识的客体的边界得以拓展，对于认知能力的提高和认知结构的完善具有一定的提升作用，在一定程度上影响技术实践。具体的研究集中于虚拟现实技术使用中认识的主体、客体、中介受技术的影响方面，包括正面的和负面的影响、技术认识的价值、认识论的技术转向，尤其是对认知主体的具体层面的影响。

从实践论层面对虚拟现实技术进行研究，因为技术物是实践的产物，实践性是技术的本质特征，所以很多研究基于技术实践对技术的基础思想展开讨论，强调技术的实践性的根本特征是随着时间和空间的变化而与现实保持一致的、向前发展的。实践性是技术最本质、最主要的特征。陈志良、杨富斌、李超元等学者基于虚拟现实技术对传统实践观的冲击展开讨论，包括虚拟实践和现实实践的区别与联系。具体而言，关于虚拟现实技术中的主体与客体、手段、基本形式与基本特点以及虚拟实践对人们生存与社会发展的影响等问题在讨论中均有涉及。

2. 国外研究现状

在技术现象学的技术理论相关研究方面，纵观技术哲学发展的历史，现代西方哲学主要流派，包括分析哲学、实用主义哲学、西方马克思主义、存在主义和现象学，都有对技术进行过讨论。现象学以现象为基础进行哲学反思，把技术看成一种现象，研究对象为技术物，现象学哲学给予了技术哲学强大的理论背景支持。

海德格尔关于技术这一"座架"的描述体现了他的技术观。他的"装置范式论"割裂了人与技术在生活世界中的关系，没有看到技术与人的不可分割的联系性。

伯格曼和伊德是英美最有代表性的现象学技术哲学家。伯格曼和伊德实现了把技术从悬置的形而上学层面纳入生活经验层面，将技术与日常生活联系起来进行研究，着眼于具体的技术形式。伯格曼研究了技术的发展过程，技术存在的弊端以及解决方案，并且从伦理学层面进行了探讨。伊德探究了人与技术的四种关系，从具体的技术物进行分类来研究技术与人的关系，并研究了技术现象层面的经验转向。

卡尔·米切姆认为伊德技术哲学的基本思想是一种技术的实用主义现象学思想。米切姆认为伊德提供了一个人-技关系的范式,即如何在生活实践中研究技术,并分析了技术如何融入科学理论的建构之中。杜尔宾看重伊德对于技术文化维度的描述以及对于知觉在其中作用的观点的描述,认为伊德是最多产的技术哲学家。希克曼则认为伊德继承了海德格尔以及梅洛-庞蒂的部分现象学思想,并且拓展了知觉与外在技术物的关系。

从 20 世纪 90 年代开始,虚拟现实技术逐渐发展起来,引发了人们越来越多的关注和思考,研究者不仅仅从科学技术层面进行研究,而且扩大至社会、经济文化等方面。在诸多研究者的著作中,将"虚拟现实"称为"灵境""实境""模拟仿真""人工现实"等,其他还有如 virtual environment、artificial reality、cyberspace 等。本书英文使用 virtual reality,中文使用"虚拟现实"。国外学者从虚拟现实技术在经济和文化领域的运用、发展前景和技术壁垒等方面展开讨论,近年来也有一些从哲学层面关注虚拟现实技术的研究。例如,迈克尔·海姆的《从界面到网络空间——虚拟实在的形而上学》是比较早期研究虚拟现实的一本重要著作,书中提出根据虚拟空间特性,以及沉浸的空间和虚拟的形式,虚拟现实就像一个形而上学实验室,是检验"实在"真正意义的工具。

从本体论来探讨虚拟现实技术的研究集中于对虚拟现实技术中的现实到底是不是真的"现实"这一问题的讨论,以及虚拟现实技术给技术的本质带来的冲击、给人们思维方式和一些哲学概念带来的转换、给传统的物质观带来的冲击等问题。迈克尔·海姆的《从界面到网络空间》的第八章讨论了虚拟实在的本体论。另外,克里斯托夫·霍洛克斯、威廉·J. 米切尔、Yury Shaev、James J. Blascovich 等都从不同的角度对虚拟技术及其形而上学问题进行了有意义的研究。探究虚拟现实本体论的专门性文章往往发表的时间比认识论和实践论方面的文章要早,在一定程度上解答了早期虚拟现实技术的本质究竟是什么的问题。

有关虚拟现实本体论、认识论、实践论的讨论离不开具体虚拟现实实践的案例阐释,技术的使用离不开具体的场域。虚拟现实技术运用在医疗卫生、市场营销、游戏、工业设计、建筑、艺术创作、休闲娱乐等诸多方面。相关的研究性文章涉及的范围也很广。但不同领域的虚拟现实技术使用的侧重点和技术难点也不同,它们具有一定的共性,同时也有一定的个性。高盛发布的虚拟现实分析报告指出,未来的用户体验是技术普及的主要难题之一。解决好用户体验的问题有利于虚拟现实技术的推广,用户体验以身体为基础,处理好身体与技术的关系至关重要,从哲学层面反思将给予技术发展以方向性指导。另一层面,将虚拟现实技术视域下的身体与技术关系的研究结论应用到实践场景中去检验,做到从实践中来到实践中去,对于实践具有一定的指导意义,同时对于技术现象学的身体与技术关系内涵的与时俱进具有一定的推动作用。身体的参与对于技术的使用具有十分重要的意义,强调了主体认知过程和身体的在场。所以,这一系列的强调和要求反映了处理好身体与技术的关系对于身体的知识的获得、传播效果的呈现、技术水平的提高至关重要。研究虚拟现实技术视域下身体与技术的关系具有形而上的和实践的必要性。

综上,在中国知网、Springer 等网站中没有检索到虚拟现实技术视域下的技术与身体关系的研究论文,所以本书基于上述内涵比较丰富、涉猎范围广且跨学科的知识材料,从身体的哲学理论研究、技术的哲学理论研究,再聚焦到现象学的身体、技术、知觉以及身体与技术的关系的探究;从人与技术的关系发展理论进行溯源和分析,再到虚拟现实技术这种具体的技术视域中;从这种技术的本体论、认识论到实践论的探讨,再到现象学视角下的虚拟现实技术在技术的具体实践场域的探讨。所以,本书从现象学理论出发去探讨具象的技术形式是基于广泛的知识材料之上的创新性的思考。

1.3　研究思路、内容和方法

1.3.1　研究思路

本书从现象学进路探讨虚拟现实技术中的身体与技术。从技术的困境出发,虚拟现实技术现在依然存在的难题之一是用户的体验问题,即技术与身体结合的密切程度或者说契合程度不够高的问题。处理好身体在技术中的体现,处理好身体与技术的关系至关重要,技术的难题呼唤哲学的内在反思。从技术哲学出发,伊德的人与技术四种关系理论已经不适用于当前的高技术情境,尤其是计算机生成的网络时代的人-技关系,技术哲学发展的内在动力进一步丰富了虚拟现实技术情境下人-技关系的内涵。梅洛-庞蒂的身体现象学理论是否可以用来阐释虚拟现实技术中的身体与技术,相关技术哲学现象学理论有没有被技术的更迭淘汰。从这两个问题倒逼,从梅洛-庞蒂的现象学理论出发,探究虚拟现实技术视域下的身体与技术,用现象学路径来探讨新技术视域下的身体与技术的路径,终究落到身体的原点,讨论梅洛-庞蒂的现象学理论来证明新技术的身体与技术关系的意义和不足问题。同时,虚拟现实技术这种具象的技术新形式又为梅洛-庞蒂及其相关现象学理论增添了新的时代内容,并形成身体与技术关系的回环结构。

基于技术哲学现象学派的单技术视域下的人与技术关系无法适用于新的高技术情境,物质框架下的关系也无法解释虚拟框架下的关系。本书试图从虚拟现实技术以身体知觉为基础构建虚拟知觉空间出发,以身体图式为基础并通过知觉来感知技术塑造的现实,通过身体从这种“现实”中获取知觉的动态过程来探讨身体与技术的关系,包括身体对技术的“侵越”和技术对身体的“侵越”两个方向。以梅洛-庞蒂的身体理论、知觉现象学理论以及相关的技术哲学现象学理论为基础,论述的身体与技术关系是当今技术发展阶段的虚拟现实技术视域下组合而成的格式塔系统关系,超脱单技术的基础性的关系。

本书试图在身体获得知觉的动态过程中阐释身体与技术的回环结构,最终阐释虚拟框架下的技术走向,并把这种关系模型放到虚拟现实技术使用的实践场景中,从理论回归实践检验,从现象学层面探讨虚拟现实技术使用的一般性和特殊性,尝试为虚拟现实技术痛点提供现象学的解决路径。最后,论述超脱物质框架的意识框架下的虚拟现实技术中的赛博格关系,为技术的终极形态提供愿景。具体研究思路如下:

(1) 从实践层面的考察出发,上升至哲学层面并提出问题;

(2) 收集资料,从历史的维度来阐释概念,追溯理论产生的哲学背景以及政治、历史、文化背景,梳理理论发展脉络;

(3) 运用现象学还原的方法来研究虚拟现实技术视域下的技术与身体本质;

(4) 从知觉的动态过程阐述两个方向,即身体对技术的“侵越”和技术对身体的“侵越”;

（5）结合现象学派已有的单技术身体关系理论来论证，进而推出虚拟现实技术背景下的高技术与身体的格式塔关系；

（6）分析虚拟现实技术案例中身体与技术的一般性和特殊性，并从虚拟现实的前沿技术出发，来探讨技术痛点的技术现象学路径。

1.3.2 研究内容

第1章梳理了研究背景和研究意义、国内外学者对于身体与技术关系的论述、知觉现象学的部分学者的研究。

第2章论述理论基础与概念诠释，阐明梅洛-庞蒂的身体理论、知觉理论以及伊德的人与技关系理论，并就身体、知觉、身体技术、侵越等概念进行解释。

第3章论述虚拟现实技术中"虚"与"实"的问题，包括虚拟现实技术的虚拟概念及现实概念、虚拟实在与客观实在的区别与联系，并从主体、客体、界面三个角度来论述技术场域中何为实、何为虚的问题。

第4章论述技术现象学派的身体理论及其相关论述，包括对梅洛-庞蒂思想的现象学理论溯源、梅洛-庞蒂的身体理论、知觉理论等，结合伊德的三个身体和四个关系等技术现象学派的内容进行阐释，进而分析虚拟现实技术下的身体本质。

第5章论述身体对技术方向的"侵越"。首先论述了身体图式为技术"侵越"提供了基础，再从知觉的首要性出发讨论身体与现实世界的暧昧关系以及实践-知觉模型来阐释身体知觉来源于现实世界，然后阐释技术经验来源于身体实践的多方向关系，从身体、技术、世界三者关系中论述身体对技术方向的建构。

第6章论述技术对身体方向的"侵越"。首先从技术如何"侵越"身体知觉出发，阐述技术是如何构建知觉以及如何调节感觉和知觉维度的，以及技术营造的赛博空间中的身体体现的工具化和仪器化，进而论述身体经验的相关理论以及技术身体的形成，并探讨身体与技术的"侵越"结构。

第7章论述虚拟现实技术案例中身体与技术的一般性与特殊性。VR绘画是虚拟现实技术的新形式之一，本章具体分析了VR绘画中的身体空间和虚拟现实空间的关系，这一处境的空间在虚拟现实空间中具有的地位和作用，以及VR绘画中的身心关系。此外，VR运动的身体运动习惯与逆向运动学的动觉机制存在差异,本章结合技术形式的特殊性分析对前文得出的身体与技术的关系理论进行验证,得出技术要建立听觉与视觉信息的身体参与的虚拟现实系统。

第 8 章为本书的主要结论,论述身体与技术的新维度及其效应,探讨其研究路径的合理性,对新技术的现象学研究路径进行考察,并基于高技术的关系内容进行反思,梳理身体与技术的具体"侵越"内容,总结论述身体与技术的回环结构和关系。论证技术新形式情境下的现象学理论,反观技术关系内容以及发展方向。同时,考虑到 VR 伺服机制的现存问题,结合技术现实进行批判的、审慎的反思。并对未来的研究进行展望,进一步推进理论成果。

1.3.3 研究方法

1. 现象学还原法

现象学还原方法是现象学本体论和认识论展开论述的基础。本书以意向性交互活动为基础对虚拟现实技术知觉过程进行分析,把知觉等概念回溯到它们在直观中的最初源泉上去,即"回到事物本身",把身体与技术关系阐述为具有绝对的"自身被给予性"的对象,还原身体与技术关系的本质。梅洛-庞蒂的知觉与世界理论基础,也体现为对现象学还原的实践,还原法的运用可以使身体与技术关系回到纯粹的概念上来。

2. 现象学的多重视角法

从知觉现象学出发探究身体与技术的关系,涉及的研究领域不只是现象学,还有技术哲学、解释学、认知科学和科学社会学等学科。例如梅洛-庞蒂的"侵越"概念源于拓扑学的概念,在现象学的应用也体现着心理学、传播学等跨学科的模糊边界。伊德的研究也受现象学、解释学等学科的影响,涉及跨学科的知识背景。本书对身体与技术关系理论体系的建构运用多重视角方法,用跨学科的思维方式,以期建立起一个科学的研究进路。

3. 案例研究法

以 VR 绘画和 VR 运动为案例进行分析,将技术这种抽象的哲学概念具化到一个现象情境中,并聚焦到虚拟现实技术上来,用现象学理论探究虚拟现实技术中的身体与技术。在这个过程中,将得出的身体与现实的关系理论再放到虚拟现实技术的具体场域中去研究,探究其一般性和特殊性。通过案例研究法,探讨虚拟现实技术的应用实践。

1.3.4 技术路线

本书进行研究的技术路线如图 1.1 所示。

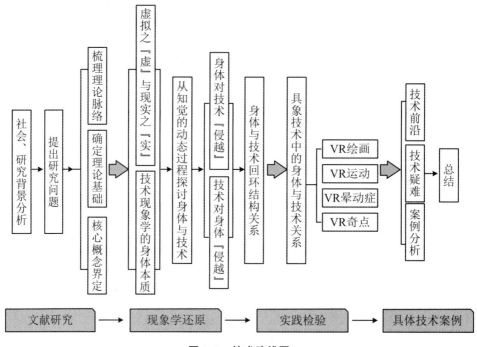

图 1.1　技术路线图

1.4　主要创新点和难点

笔者将从研究内容、技术路线、学科领域等方面来论述本书的创新之处。

从研究内容来看,第一,本书探究了一个现象入口,来明晰虚拟现实技术场域下的现象——身体与技术的关系特征,既突破了伊德的传统的人与技术四种关系的固化理论,又增添了梅洛-庞蒂现象学中没有的身体与技术的内容,具有开拓性意义。第二,梅洛-庞蒂后期的研究著作中提出"侵越"的概念,本书把这个概念拿来,创造性地用来探究身体与技术的双向关系,从单技术基础关系理论到复杂关系理论,为虚拟框架下的技术现象学身体与技术理论分析提供了新的思考。第三,将具体的技术构建,如 VR 绘画、VR 运动以及 VR 电影等虚拟现实新形式与现象学观点结合起来,具有鲜明的时代特征。在对已经得出的结论进行检验的同时,又能拓展理论的边界,并论述这种新鲜的虚拟现实技术形式的现象学思考。这些研究内容使得本书探究的虚拟现实技术呈现出崭新的、与时俱进的面貌。

从技术路线来看,探究现实技术中的身体与技术关系的现象学路径具有创新性。关于梅洛-庞蒂现象学理论及其相关现象学理论在新时代的技术情境下是否具有现实意义的问题,本书用现象学理论来证明具象技术中的现象学经典谜题,同时丰富了技术新形式情境下现象学理论内涵。最终再把明晰的框架理论放到虚拟现实技术案例中讨论合理性,并反思一般性和特殊性。这一研究路径具有创新性。同时,本书把身体与技术关系放在身体获得知觉的动态过程中,而非静态的彼此隔离的关系层面中,探讨了身体与技术的构建。

从学科领域来看,从技术现象学层面研究虚拟现实技术的文章很少,且缺乏系统性,多为个案研究。对于虚拟现实技术的研究多集中于实践展示层面,从技术角度、经济学或者社会学角度来研究,哲学层面从认识论、本质论和实践论等综合性的层面来探究。本书将从现象学进路研究虚拟现实技术,将现象学、技术哲学以及认知科学等跨学科内容结合起来,从身体主体到身体间性,再到身体客体的不同视角的转换,将多层次的内容放在交互的场域中。在技术哲学与现象学融合的同时,认知科学、心灵哲学以及教育心理学的内容也都密不可分地融合进来,因为本来这些学科在一些问题的分析上也都具有内在的联系性。比如梅洛-庞蒂对于身体的格式塔结构的论述也是从心理学的理论发展而来的。

如何把极其具象的实践内容阐释得符合哲学范式,这远比想象中要复杂,既需要有哲学思辨,又需要能够把抽象的哲学思考与具体技术情境相结合;既需要统而论之的哲学理论,又需要跟技术使用中的细节进行结合。同时,需要考虑 VR 伺服机制的现存问题,不可理想化地提供解决方案,要结合技术现实进行批判的、审慎的反思。

本 章 小 结

　　本章梳理了本书的研究背景和研究意义,并运用文献研究的方法,梳理了国内外学者对于身体与技术以及虚拟现实技术的相关研究。在此基础上,探讨了虚拟现实中身体与技术的研究思路,通过现象学还原法、现象学的多重视角法、案例研究法等方法,绘制技术路线图,明确本书的研究路径。基于前人对身体与技术研究的理论、方法等相关内容,以及对虚拟现实技术的现象学的反思,阐释了本书的创新点以及难点,并逐步明确了研究方向。

第 2 章　理论基础和概念阐释

2.1　梅洛-庞蒂的知觉理论

2.1.1　知觉之于身体的首要性地位

梅洛-庞蒂对于身体知觉的描述是其现象学理论的主要内容和基础。身体与知觉的概念密不可分,知觉通过身体而产生感官知觉,身体通过知觉连接世界,对于身体的研究离不开对于知觉的阐释,知觉是身体的知觉,但知觉不是颅内意识本身。梅洛-庞蒂把知觉放在身体与世界、身体与身体的关系上来,强调的不再是意识本身的作用,而是身体与客观世界的关系。

"知觉"是一个一般性概念,可以分别界定为看、听、接触等。知觉不仅仅是感觉,感觉停留在感官的直观层面。知觉是感官知觉的格式塔的整体。关于知觉的综合阐释在后面也会提到。梅洛-庞蒂赋予知觉以首要地位,身体成为连接世界的媒介,人可以通过身体知觉达到对于世界的认知。身体知觉类似于感官通道,具有功能性作用。

梅洛-庞蒂对于身体的阐释离不开知觉,知觉不仅仅是关于某物的具体的知觉,而是在一个宏大的介域中体现出来的知觉形式,比如说一张纸上的一个黑色的点,我们看到的不是黑色的点本身,而是把黑色的点放在白纸的背景中,所以知觉的获得是在一个点-介域结构中来实现的,也称之为图形-背景结构。万事万物本不是互相独立的个体,对于知觉来说更是如此,对于事物的感知是具有背景的,是放在整个结构中来了解的,这便是知觉的图形-背景结构。知觉通过身体的存在而凸显在客体之前,世界中的事物具有自身的位置,对知觉的破译则是将其放置在世界中相匹配的感知境遇之中。① 梅洛-庞蒂强调知觉的图形-背景特征,要求把事物放在背景中来探讨,获得的知觉内容也是包含着背景的内涵的。

知觉为我们提供的世界是原生状态的"逻各斯",是前反思的意识。梅洛-庞蒂不同意认识论中将知觉呈现的感知和内容视为感性材料的简单结合,知觉具有整体性结构并且其外延不断变化,如果单纯理解为意识材料的简单结合,则脱离了背景视域中的思考,不能反映知觉的真实内容。人想要达到对于世界的认知,是要把世界的物放在背景之中来考察的,脱离了背景是无法去认识物进而认识世界的。身体处于一个连接着物质世界和精神世界中介的位置,如果脱离人,是无法完成对于世界的知觉过程的。世界上物的特征的显现,也是由身体感知而来的,对于纸上的黑点的描述也是立足于人的知觉的。所以正是由于人对事物的知觉,事物才呈现给我们那样一种特征,同时身体处于连接性的地位,而物又放在介域的结构中来了解,所以身体、物和介域共同构成了知觉的场域,也称为现象场。因此,身体对事物的认识都是处于一个现象场或者知觉场中的,对事物的知觉都是在现象场中发生的,离开了现象场,则无所谓知觉。现象场说明身体对于事物的知觉不是单方面的意识的投射,不是人的意识主体地位的显现,不是对外在事物的主体性认知,而是事物也向"我"呈现,出现在身体的知觉场中,向身体敞开和呈现出来,身体才能达到对事物的知觉。知觉场是具有结构性特征的场域,同时也是混沌的、没有明显边界的场域。知觉是对世界原生状态的呈现,不是纯粹的对世界的逻辑思考的呈现,知觉也不是对意识中表象的某物,而是在知觉场中进行的对场域中事物的整体性的呈现。

2.1.2　对经验主义和理性主义知觉观的批判

梅洛-庞蒂对于身体知觉的描述没有一个非常明确的定义,而是通过一种否定的形式来确定知觉的内涵。这种通过否定的形式来阐释概念的方式不只体现在知觉的概念上,还体现在关于机体等相关概念的描述是通过否定机体等

---

① 梅洛-庞蒂.知觉的首要地位及其哲学结论 [M].王东亮,译.北京:三联出版社,2002:74.

概念不是什么来阐释概念内容的。梅洛-庞蒂对于知觉的阐释是以否定经验主义和理性主义对于知觉的描述而展开的。

经验主义的知觉在一开始把知觉当成感觉的化身,感觉就是主体对于客体的物的直接感知,感觉是主体的感觉,是主体直接接受了对于物的特征显现,比如说对于外在物的特点的呈现在知觉中则理解为主体对于特征的直接掌握。紧接着一些持反对观点的人将知觉理解为一种性质,即对于外在物的知觉是对于物的性质的接受,性质是独立于客体的性质,与主体无关。这两种将知觉阐释为感觉的化身和将知觉阐释为客体的性质都割裂了主体与客体的关系,没有看到感觉如何呈现给主体,又如何表征事物的特征。所以,经验主义将知觉理解为外在物的简单的感官-刺激反应的结果,认为我们的知觉获得是外物刺激的组合,将知觉主体理解为一种对客体的物理刺激的被动接受者。梅洛-庞蒂认为这是一种片面和孤立的理解事物的方式,各种感觉之间的联系也是外在的和简单的,所以经验主义对于知觉的描述是孤立的和简单的,没有看到知觉的真正本质,没有重视身体的重要性。理性主义对经验主义的论断产生了怀疑,于是提出了理性主义的知觉的概念,理性主义将知觉理解为智性的思考,理性主义批判经验主义对知觉过程中人的理性的忽略,并引入了判断的概念。对于事物的判断来源于主体内部的思考和分析,如笛卡儿列举的例子,当人坐在窗口看来往的行人时,看到他们的帽子和衣服就可以知道是行人,并没有通过准确的"看"来获得事物的特征,这并不是简单的视觉的知觉,而是用思考的判断来确定来往的客体的身份,获得对于外在物的知觉。一切知觉都来源于智性的思考,正是由于加入了判断的成分,事物才为事物,主体才能获得对客体的知觉。

梅洛-庞蒂认为知觉既不是经验主义的外在刺激的反应,也不是理性主义的智性的结合。经验主义将知觉理解为一个没有互相联系的感性材料的结合,而理性主义走向了另一个极端,将知觉阐释为意识活动。知觉不是单纯的颅内的判断和思考,而是身体与世界交互的产物,如果把知觉理解为一种感性材料的结合,则忽略了身体的重要性,忽略了身体的主动性,而将其简单地视为刺激的反应,则呈现出身体过于被动的地位。理性主义的知觉是意识的体现,把知觉放在一个主观的场域内来考察,把知觉理解成完全是人的判断的体现,也是割裂了主体与客体的关系,没有充分认识到身体"往世界中去"的趋向性和身体地位的重要性。所以,知觉既不是纯粹的客观材料的集合,也不是内部的意识状态,而是一种含混的、朦胧的活动。从身体出发,往世界中去,主体在身体与世界的互动关系中来获得知觉的体验,这种朦胧的活动通过身体的运动来实现,在动态的过程中,身体通过知觉与世界连接起来。

2.1.3 图形-背景结构中的知觉

从梅洛-庞蒂对于知觉不是什么的阐释中可以看出,不能将知觉放在孤立的和被动的方面去分析,知觉不是客观存在和意识任何一个单方面的描述,而是要把知觉放在身体向世界中去的场域中去讨论,其实也就是侧重知觉场的重要性,身体获得对于某物的知觉是在知觉场中完成的,不能缺少背景以及在这个背景结构中身体的运动参与,现象场是整体的知觉发生的场地。身体形成对于事物性质的外在形象的获得不能简单地等同于知觉的全部,这样会陷入经验主义的泥淖。同时,判断在获得知觉的经验活动中也是必不可少的,但也不能还原为判断等于一切,因为判断只是意识活动的过程。最终,身体知觉体验的内容完成了对现象场的结构和内容的补充。所以说,身体之于知觉的关系不是客观的物质身体和意识知觉的结合,它们之间不是包含与被包含的关系,而是互相交织和交错的有机共同体。

将身体与知觉的关系放在现象场中去理解,也就是放在身体与世界的活动中去理解。梅洛-庞蒂对于知觉的首要地位的提出不是要强调身体的中介性地位,而是在一种被知觉物的内在性与超越性的统一的关系上提出身体与知觉乃至身体与世界之间的关系。对于内在性与超越性的理解是理解知觉以及身体与世界关系的关键。事物总是呈现出我们无法知道的一面,或者无法到达知觉的经验性内容,那并不是判断出了问题,而是事物本身具有纷繁复杂的特征。站在身体主体的角度,从身体出发来知觉事物,将现象场内的所有认知的客体都纳入其中,进而获得一个全面的、完整的知觉体验,知觉在某种程度上具有透视性,透视性也体现在知觉主体的创造性方面以及知觉的特征上。内在性可以理解为事物总是被把握为一种"为我",即能被主体所认知的、展现开来的内容,是目之所及和思之所及的结合,是事物展开来呈现的特征,而知觉主体总是能够在现象场中把握对事物的清楚的认知。而超越性则体现在事物没那么"透明"的一部分,即事物不能够被把握、超出主体认知范畴的那一部分内容。

　　比如说,桌子上的一个立方体,可以看见面对着认知主体的那几个面,但是后面的几个面无法被看见,那么通过身体知觉的体验,结合知识储备的内容,最终在视线看到的那几个面的基础上形成对后几个面的判断,即判断为立方体,这是身体透视能力的显现。超越性体现在事物中无法被了解的内容,比如我们不能一眼判断立方体的材料,是实心的还是空心的等具体的内容。所以,事物均是内在性与超越性的统一,内在性表明身体可以对事物形成自己的知觉的内容,而超越性则显示事物中超出我们知觉范畴的一面(图 2.1)。

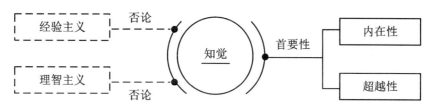

图 2.1　知觉的概念图

　　在知觉场中,认知客体的内容包含其中,身体在知觉场中形成对事物的认知,而世界总有着超越知觉场的部分,知觉场在世界中总是尝试去拓展其边界,是能动的并显示出向世界中趋向的特征。将知觉场扩大,知觉场围绕着知觉主体,表现出一种内在性的特征。而知觉动作消失的时候,世界依然有着超越一切知觉场的内容,并在不断地扩大,超越了知觉场的极致,无论知觉动作发生与否都在扩大其边界,表现出一种超越性的特征。世界之于知觉场也是内在性和超越性的统一,所以世界才显现出一种变化莫测的形态,人类在探索世界奥秘的同时,世界总有神秘的角落未被发现。身体在面对这种内在性与超越性的时候,我们不断地拓展自己的认知来认知世界,并且尝试借用工具以及技术来不断地扩大现象场,形成对事物更多的知觉体验。

　　身体与知觉呈现互相联系、互相融合的生态,不能用二元对立的观点来独立地区分身体与知觉的关系。知觉是身体的知觉,身体通过知觉向世界中去,身体是主动和能动的体现。知觉活动是在现象场中进行的,即所有的体验处于一个点-视域或者图形-背景结构中,现象场是完整的知觉发生的呈现,知觉主体对客体认知的扩大和转变体现在一个又一个现象场的扩大和转变上。身体探索着世界,事物是内在性和超越性的统一,而身体不断拓展知觉场的范围,力图通过技术手段来获得对世界更广阔的认知。

2.2　伊德的人与技术四种关系

2.2.1　体现关系(具身关系)

伊德的人与技术四种关系中最基础和最常见的关系是体现关系,也有学者翻译成具身关系。体现关系指技术与人不断融合,技术改变了人的知觉经验,是居间调节的中介物,用公式表示为:(人-技术)-世界。① 体现关系的基础性地位表现在这种关系在日常生活中比较常见,伊德举的关于眼镜的例子很好地阐释了体现关系的本质:人出现了视力问题,佩戴眼镜就可以看得清楚,在佩戴眼镜的一开始会感到不习惯,产生头晕、鼻子痛等身体反应,这都是因为外在的技术物附加在人身上带来的异物感,但是随着时间的推移,眼镜改变了人的习惯,成为人必须要佩戴的日常使用物品,人就会忘记眼镜在脸上这回事了。那么,这个时候的眼镜与人的关系就是一种体现关系,表现为技术通过改变人的知觉使人形成习惯进而忽略了技术带来的异物感,变为与人融为一体的存在。

体现关系与技术的透明性概念密不可分,技术的透明性是指技术在使用的过程中逐渐忘却了客观存在的形式,而表现为一种必不可少的改变知觉经验的形式,常常被人们忽略,但人已经习惯使用这个技术物了。技术的创造者也在不断追求技术的透明性,希望技术到达透明的极致而能与身体更好地融为一体,成为身体必不可少的一部分。人与技术的体现关系不只表现在眼镜、拐杖等单技术物上,更体现在复杂技术上。比如电话的使用,使得听觉不断突出,而电话这种物质性外壳也在不断隐退。还比如骑自行车这项人与技术交互的活动,随着经验的积累,骑自行车对人来说是一种司空见惯的活动,在骑车的过程中,人根据自己的习惯已经忘却要怎么保持平衡,脚要踩多大的力量,方向如何把握等这些与技术交互相关的细节问题,而表现为一种浑然一体的、基于身体习惯的、一气呵成的骑车动作,即这种复杂的技术也可以与人形成体现关系。

---

① 曹继东.伊德技术哲学解析[M].沈阳:东北大学出版社,2013:25.

体现关系是一种物质性关系的表现,也是人与技术四种关系中的基础性的关系,是人与世界沟通的桥梁和中介。通过技术,人的知觉经验改变了,通过技术,人更多地、更方便地认知世界了,这种体现关系表明了人与世界的存在主义关系。

2.2.2　解释学关系

解释学关系是人与技术关系中一种借助文本解释的关系,强调通过文本的阅读来实现人与技术的交互,用公式表示为:人-(技术-世界)。[①] 有些技术没有办法通过肉眼直接观察到技术的特征和具体情况,需要借助中介(文本)。如果说体现关系是对身体的延伸,那么解释学关系就是对于语言的关注,通过数据、图表呈现出来,人通过图表、数据来了解技术的内在特征。比如通常意义上的仪表盘、温度计等具有数字显现功能的技术物。人在外界感到寒冷的时候,这一冷的知觉是人本身具有的最直观的身体反应,那么冷如何通过数据反映,则是通过温度计这一技术物,温度计显示温度的具体数字,人通过读取数字真正了解到冷的程度,则人与技术表现为一种解释学关系。解释学关系不单单是对于数据的读取,图像也是技术呈现的方式。比如对地理地貌进行拍摄,其实这是一种将现实转化为数据再转化为图像呈现在人眼前的过程,包括电视影像和进行数据分析的降雨量分布图,都以图片的形式展现在人的眼前,但究其本质,还是数字化的呈现,有的则附加数据,让人更好地了解世界。所以,解释学关系依然是人与世界交互的中介性工具,人通过技术可视化的形态了解世界,这种了解的获得是间接经验的体现。

这种解释性关系本身是具有风险性的,因为通过这种可视化的技术了解到的世界是"翻译"过的世界,不是直接经验的呈现,如果技术出现了误差,那么人对于世界的解读则是错误的,并且无可自知。因为技术是人创造的,人信任着技术,如果技术物坏了,将直接导致人无法读取关于此项技术对应世界的任何信息,所以解释关系伴随着风险性,通过技术中介了解到的居间调节的世界是间接经验的获得。

人与技术的体现关系和解释学关系有时可能同时存在,表现为技术的透明

---

① 曹继东.伊德技术哲学解析 [M].沈阳:东北大学出版社,2013:31.

性的凸显,而与此同时又有着数据技术的引入,所以人与技术的关系不单单表现为一种形式,可以呈现为叠加的关系的显现,或者更为复杂的关系结构。

2.2.3　背景关系

背景关系不同于体现关系和解释学关系,是一种直观的直接与物相交互的技术,这种关系关键在于技术的隐退,即技术成为人生活和公众的"背景板",是人类生产生活的背景。伊德也称之为"技术茧房",即技术形成的环境内人已经浑然不知技术的存在,技术隐退为一种背景,人在技术中生活。背景关系就是人在技术中,比如空调的使用,空调营造出了一个凉快的空间,而人可能忽略了空调的存在,又比如照明的灯等常见的技术物,或是一种机器发出的嗡嗡的噪声,可能一开始,人觉得很吵,可是久而久之,这种噪声被人们遗忘,也演变成一种背景了。人与技术的关系表现为一种人被包含在技术之中的特征,包括比较直接的包裹形式的房屋,人处于其中,很难意识到技术对于人的明确的影响,很难提醒自己在技术的包裹里。人在房间里,而房子是技术的隐退。所以,背景关系表现为人在技术中,技术茧房的存在使人越来越忽视技术的存在,技术的存在之于人已经变成一种习惯,人处在技术的环境中,人与技术只有短暂的交互性的操作,然后技术就开始隐退了。

技术茧房概念的提出具有两方面的含义:一方面是指人生存在技术的环境中,技术为人类构建了一个场域,人享受技术的"福利";另一方面是指人被禁锢在茧房里,认知和直觉都已经被赋予,即人被控制住了,人只能生活在技术茧房中,脱离了技术就会不适应,或者说人只看到技术呈现给人的内容。这里不偏向技术怀乡主义,并不是否定技术,而是以一种客观的方式描述技术茧房给人带来的种种可能。所以,背景关系是人与技术环境的关系,即人处在技术之中,不再是接触的、直接认知的人与技术形式。

2.2.4　他者关系

人与技术的第四种关系为他者关系,技术是人认识世界的工具,他者关系表现为人对技术的了解,技术在某种程度上就是客体,用公式表示为:人-技术

(世界)。① 技术独立于人成为了他者,他者可以自己思考、自己决断以及自己存在着,那么技术在某种程度上偏向于准他者,即不是完全意义上的他者。比如汽车和马,汽车是技术物,独立于人而存在,但仍然要依靠人的操纵来行驶,而马也要通过人的训练才可以听得懂人的指令。在行驶过程中,汽车依赖于人的操纵,但如果有损坏的部分,那么人对它的指令便会失去效应,而马听从于人的指令,但在人判断错误要发生交通事故的时候会出现下意识的反应和判断,这就是这种关系特征的体现。

他者关系的准他者性是人与技术的他者关系的普遍现象。技术无法完全脱离于人。计算机的发明,包括现在人工智能技术的发明,使人担心技术会超越人类,对于人工智能技术,技术可能到达一个奇点,人工智能可以超脱人类的思维而进行思考,变成了高人工智能阶段,这种完全意义上的他者,即技术脱离于人,成为了一个单独的物体,不受人的思维控制,但这种设想的状态目前还没有实现。现阶段他者关系的阐释基于准他者性的凸显,呈现为人与技术具有明确的界限,技术成为一个独立于人的他者。

2.3　概　念　阐　释

2.3.1　身体图式

身体图式指人在感知的世界中获得对事物的整体觉知,包括对于自己的身体的觉知,在现象场中身体获得对于本己身体姿态的格式塔的整体觉悟,不局限于单个感觉的联合的简单相加。"我通过身体图式得知具体的肢体的位置,因为身体图式包含了我的全部肢体。"②身体图式的概念和空间性的概念是没有办法区分开的,感觉的统一和运动感知是统一的。所以运动体验的获得和经验的回归完善了身体图式的内涵,使得身体知觉的经验结构更加丰富化和多层次化。

---

① 曹继东.伊德技术哲学解析 [M].沈阳:东北大学出版社,2013:41.
② 梅洛-庞蒂.知觉现象学 [M].姜志辉,译.北京:商务印书馆,2001:135,137.

梅洛-庞蒂引入了心理学的格式塔理论来解释身体图式的概念。身体是一个格式塔的整体,即各个部分不是简单地联系在一起,不是一部分在另一部分旁边,而是一部分在另一部分之中,是一个统一的整体,而且整体是大于部分之和的。这表现为身体图式从来不是身体的各个部分的简单排列,而是有机地统一在身体之中,而且身体的知觉功能大于各个感官知觉的综合。格式塔关系没有看到身体整体运作的结构和身体与世界的关联,没有关注到身体往世界中去的能动性和意向性。所以,梅洛-庞蒂的身体图式的概念,除了包含身体的各个感官的联觉,也包含了身体的能动性和运动的特征。

2.3.2　身体习惯

这里的习惯是指技术的习惯,是身体在使用技术的过程中不断积累下来的技术使用经验。正如人们经常说的,是身体"体会"和"了解"了运动。体会和习惯就是对一种意义的把握,而且习惯是在身体与世界的交互过程中发生的,所以又增添了运动的内涵,也可以说习惯是对一种运动意义的把握。习惯包含身体在世界中的拓展,以及身体发明新技术和使用新工具来改变生存的能力。习惯以这样的方式体现了身体图式的本质。它是开放的、与世界紧密联系的体系。①

本书中习惯的概念,更加强调技术的习惯,是身体在使用技术的过程中不断积累下来的经验,在技术制作和艺术创作中会积累下知觉经验,梅洛-庞蒂将其称为"习惯"。② 他是从技艺人的技术性制作和艺术作品的创作两个层面来界定的。当身体不断使用技术工具,不断积累虚拟现实体验的经验,不断获得身体知觉的体验,身体会越来越适应这种技术形式,会更加地沉浸以至于忘却真实身体所处的世界而完全在虚拟空间里遨游,这种对技术的上手就是技术经验积累的结果,也是身体习惯的获得。身体习惯是连接身体与技术乃至世界不自觉的显现,会逐渐内化为身体知觉的内容。正是身体习惯的形成,技术才有着不断发展的不竭动力,身体习惯使得身体知觉跟随身体体验的过程在身体与技术的双向活动和对话中不断增加自身的能力,具体表现为身体将技术习惯内

---

① 梅洛-庞蒂. 知觉现象学 [M]. 姜志辉,译. 北京:商务印书馆,2001:189-190.
② 崔中良,王慧莉. 技术如何不偏离人类生存:梅洛-庞蒂对技术的考量[J]. 人民论坛:学术前沿,2017(21):155.

化为身体的经验,在新的技术环境中将经验的图式进行拓展,进而增加身体知觉的结构内涵。

2.3.3 身体技术

技术现象学的技术概念通常指技术人工物,既包含整个技术物的宏观概念范畴,也包含具体的某一个技术物。而身体技术的"技术"并不是技术现象学研究的技术物的"技术"的概念范畴,身体技术是指内在于身体的,没有身体就无法存在的一种源生的身体特质。

笔者认为身体技术包含两方面内容:一是本源的先验技术,它是指身体与生俱来的一种能力和特质;二是身体技术和外在技术物的产生和发展密不可分。例如,刚接触虚拟驾驶这种崭新的虚拟现实技术时,身体技术没有这方面的内容,而只有在不断体验的过程中,身体才能积累相应的技术经验,重复这一过程才能成为习惯。[1] 身体会随着技术影响的深入和训练频次的增加,而产生"虚拟驾驶手"。身体会在虚拟驾驶过程中施展手臂动作,这是一种不自觉的动作的显现。

梅洛-庞蒂是在身体与世界的关系中阐释身体意图是通过对世界的适应来表达的,也就是通过身体内在的调整来实现的,梅洛-庞蒂从这一过程来解释身体与世界的关系,同时这种身体的适应也是身体技术的一种表现形式。人类不断发明工具、利用工具,对于已形成的工具,身体会将技术经验传递给下一代,下一代在使用工具的时候,在基于本己身体的身体技术基础之上,吸取前人的技术经验,在使用工具的过程中,逐步形成独属于自己的身体技术,这里的身体技术有着被技术改造或者像梅洛-庞蒂所说的适应技术物的过程。

2.3.4 身体空间

梅洛-庞蒂指出:"身体空间的概念和身体图式的概念具有紧密的联系,身体的各个感官不是一部分排列在另一部分旁边,身体会有一定的空间性,身体空间是空间的基点,我不用测量也能感知鼻子在脸上的位置,即身体具有一种源始性质的空间,是先验的。我可以从身体空间的基点出发与世界产生交互。

---

① Hjorth L, Burgess J, Richardson I. Studying mobile media: cultural technologies, mobile communication, and the iPhone [M]. New York: Routledge, 2012: 136.

身体是一个不可分割的整体,我可以通过身体图式的内容获得身体内感官的位置,因为我的全部的肢体都包含在我的身体图式中。"①

　　身体空间不是外在的物理空间,相应的运动也不是从一个点到另一个点的位移,身体空间具有一种先验的源始性,是与生俱来的身体自身运作的结构框架,运动也是身体的机能,所以身体图式向世界中展开的基础就是身体空间的基点性和身体运动的实现,即身体图式的概念是各个感官的联觉,又是处在运动中的身体与外部空间不断融合的过程中的。身体活动的转换是现象场一个又一个的转换,下一个现象场同样带有上一个现象场留下的印记,即运动是身体有记忆的动觉的集合,是同一个空间内知觉的集合,又是按照时间顺延来不断变化和发展的。身体图式在时间上和空间上都达成了一个动态联觉的统一。

2.3.5　"侵越"

　　关于"侵越"的概念,梅洛-庞蒂指出:"这种同一性并非绝对同一,我的肉身被世界的肉身所分享,世界的肉身反映我的肉身,二者本质上处在一种互相对抗又互相融合的侵越关系中。"②"肉身"的可逆转性,阐释的是"在触"和"被触"、"能感知"和"被感知"之间的"互相展开、互相交织、互相侵入以及互相渗透在一起"的本体的肉身,在对本己身体的感知中觉察到这种"转换",而在此"转换"也不是一种单纯的、无利害的对于关系的描述,"转换"即是"侵越",或者说"被侵越"。③

　　梅洛-庞蒂晚期的著作中,"侵越"这个概念被组合起来。"侵越"的概念被梅洛-庞蒂用来思考本己身体,后来逐渐被用来思考同他者的全部关系,本书则用它来讨论身体与技术的关系。梅洛-庞蒂认为"侵越"表明主体不再是先验的旁观者,世界也参与到整个身体之中,而不是面对着身体,自身同世界的关系思考为接触关系,而不是界限关系。"侵越"强调身体不仅是被动的一方,也是融被动性与主动性于一体的能触的被触者、能见的可见者、能感知的感知者,身体与技术的互动是相互构建、相互影响的。

---

　　①　梅洛-庞蒂.知觉现象学 [M].姜志辉,译.北京:商务印书馆,2001:135.
　　②　梅洛-庞蒂.可见的与不可见的 [M].罗国祥,译.北京:商务印书馆,2008:317.
　　③　宁晓萌.试论梅洛-庞蒂后期哲学中的"肉身"概念 [C]//赵敦华.外国哲学(第 23 辑).北京:商务印书馆,2012:242.

本 章 小 结

　　本章阐释了梅洛-庞蒂关于身体知觉的理论,知觉内容是其现象学理论的主要内容和基础,知觉之于身体是具有首要性地位的。本章通过对知觉的重要性、知觉的内涵等理论进行阐述,奠定了本书的理论基础。本章分析了梅洛-庞蒂对经验主义和理性主义的否定,进而展开对知觉的描述,并绘制了知觉的概念图,把知觉放在身体向世界中去的场域中去讨论,把身体与知觉的关系放在现象场中去理解,即放在身体与世界的活动中去理解。在一种被知觉物的内在性与超越性的统一的关系上提出身体与知觉乃至世界之间的关系。

　　同时,本章列举了伊德的人与技术四种关系,通过对身体图式、身体习惯、身体技术、身体空间、"侵越"等概念进行解释,为后文的研究奠定了概念基础。

第3章 虚拟之"虚"与现实之"实"

3.1 虚拟现实技术

3.1.1 概念解释与发展历程

1. 概念及其分类

2016 年是虚拟现实"元年"[①],虚拟现实技术在各行业的应用如雨后春笋般发展起来,在医疗、教育、娱乐与军事等领域发挥着越来越重要的作用。虚拟现实技术通过计算机网络营造的虚拟环境使人沉浸其中,达到恍若置身真实世界的感觉体验。

关于虚拟现实技术的定义,学界没有一个完全统一的定论,但综合各种理论,可以归纳为:虚拟现实技术是计算机技术、多媒体技术、通信技术、传感技术、科学计算技术以及人工智能技术等技术加持的一个综合性的技术形式。它旨在营造一个三维的虚拟空间,使受众投射意向行为,与虚拟环境展开交互,进而获得基于真实情境下的体验。但有时,虚拟现实技术也可营造超越真实的环境。虚拟现实技术以受众为主体,强调人的感官的参与,比如嗅觉、触觉、听觉、视觉等,并逐渐强化感官知觉的丰富性和真实性,进而使观众获得越来越逼真的体验。通过数据手套、皮肤衣、头显等连接感官和技术的工具使受众恍若置

---

① 新华社.虚拟现实"元年",中国"创客"的下一步 [EB/OL].(2016-01-10)[2021-02-25]. https://www.gov.cn/xinwen/2016-01/10/content_5031891.htm.

身真实的环境之中,进而获得交互体验。

虚拟现实从涵盖范围上分为广义和狭义的虚拟现实。广义的虚拟现实是指通过网络空间的互动、游戏和言论等在虚拟空间中的交互活动。比如电脑游戏的角色扮演,聊天空间里的互动以及直播形式的互动等形式,均属于广义的虚拟现实。狭义的虚拟现实专指始于知觉模拟的人机交互界面,受众与技术物产生实时的交互,虚拟现实技术物可以感知受众的头部、手部、眼球等部位的动作,进而输入计算机并作出反应,后输出实时数据显现动作情况,与受众产生实时的、多感知的交互作用,对受众的感官具有极重要的强调作用。它旨在营造一个立体的、多感知的实时交互环境,通常借助于头显或者沉浸式球幕、皮肤衣等技术中介。

广义的虚拟现实包含狭义的虚拟现实,狭义的虚拟现实是广义的虚拟现实的表现形式之一,是相对复杂的、立体的和具象的技术形式,二者具有包含与被包含的关系,同时后者是前者的延伸和拓展。广义的虚拟现实更强调语言的符号性意义,而狭义的虚拟现实更强调感官参与。本书所讨论的是狭义的虚拟现实技术,强调身体主体地位以及感官知觉的参与,从更深层次的哲学层面来探讨,从广义的虚拟现实具象到狭义的虚拟现实,有助于缩小研究对象范围,从而更有针对性和讨论意义。

虚拟现实从内容上可大致分为三种:事实展现型、超越现实型和虚构幻想型。事实展现型,顾名思义就是虚拟现实技术展现的内容是真实的再现,比如虚拟旅游是基于真实旅游场景的拍摄,如博物馆或者其他经典的景点,这些场景都是真实世界的再现,受众沉浸其中,好像跨越了距离,亲身来到了旅游地。其他的虚拟现实自然场景体验,如虚拟现实看房等都属于事实展现型。超越现实型是指虚拟现实技术构建的场景基于现实而又有超越现实的内容部分,比如虚拟现实实验室,有一些危险性的实验,可以在虚拟现实实验室中来完成;还有的如虚拟现实太空舱体验,受众可以感受太空世界,参观太空舱以及在太空中种植植物等。这些内容是基于现实生活但又在现实生活中不易得到或者不可能实现的,这一部分内容呈现的虚拟现实技术称作超越现实型。虚构幻想型是完全超越现实,充分体现了虚拟现实技术的构想性,比如"水滴旅行记""细胞的一天"等在科技馆博物馆中呈现的科学教育内容,既是科普的手段,也同时呈现着超越现实的内容。其他常见的形式如虚拟现实科幻电影,也是基于构想性的内容,都属于虚构幻想型。

虚拟现实技术系统主要包括输入输出设备,如皮肤衣、数据手套、移动手柄、头戴式头显、虚拟现实眼镜等;虚拟环境及其软件、多媒体技术等为代表的软件系统生成虚拟空间,包括虚拟空间的特性和结构等内容;用以描述具体的虚拟环境等动态特性、结构以及交互规则等;以计算机为主的图形显示设备等。软硬件以及虚拟环境的营造共同组成虚拟现实技术,从具体的技术表现形式上来看,包括以计算机为主的虚拟现实生成设备和虚拟现实感知设备,可以用传递感官知觉的电信号,让受众接收到技术物客体给予的虚拟现实感知的输出内容。此外,虚拟现实人机交互设备必不可少,受众要对虚拟现实情境作出反应,则要求加入交互设备,成为链接身体与技术的桥梁,与此同时,虚拟现实追踪设备则要追踪身体的运动,将数据输入计算机,再给出一定的交互式反馈。

2. 发展过程

虚拟现实技术的发展历程是人与技术不断交互,认识技术世界,改造技术世界的过程。1960 年,随着论文"Man-Computer symbiosis"的发表,美国学者J. C. R. Licklider 在论文中提出电脑将越来越向人脑靠近,并以人脑的思维开始思考,人与电脑将以一种非同寻常的方式交互。由此打开了对虚拟现实技术的畅想和思考。1961 年,头盔显示器的诞生,使人与技术的交互形式发生了改变。1965 年,Ivan Sutherland 发表了论文"Ultimate display",提出了以数字显示屏为虚拟现实窗口,通过力反馈装置包括触摸反馈和力量反馈来进行交互,具有里程碑意义。紧接着,Sutherland 团队研制出功能头盔,具有一定的力反馈系统,受众可以佩戴头盔看到与真实世界相似但又不是物质实体的画面,并可以进行交互,这是早期的人-机交互界面。1972 年,美国人 Frederick Brooks将控制机器人手臂和显示屏幕连接起来,可以通过虚拟计算机进行实时操作。Myron Krueger 提出"人工现实"的概念,制作了一个可以检测到人的动作的计算机系统。

20 世纪 80 年代,麻省理工学院的 J. Zimmermn 和 J. Lanier 发明了具有开创意义的数据手套,在某种程度上开创了通过手部动作进行交互的精细化操作的界面,并正式使用 virtual reality 这个术语。美国航空航天管理局科学家成功研制了第一套虚拟现实系统 View,这是一个基于数据手套的系统,同时综合了头盔显示器、数据手套、动作跟踪以及语言识别等系统,是一个多感知的、沉浸性更强的虚拟现实系统。1987年,VPL公司发明了传感紧身衣,在衣服里面布满了感应装置,称为接触元,这些接触元与皮肤接触,并将皮肤反馈的信息输入计算机,以此来识别受众的知觉。

1990年,随着CAVE系统的出现,通过多媒体技术、投影技术等技术的加持,营造一个大型的沉浸感强的虚拟现实场域,受众完全被包裹,可以自由移动,进行交互。1992年,随着第一次专门性虚拟现实会议在法国的召开,确定了虚拟现实技术为虚拟世界和现实世界接口的宗旨。1997年,系统建模旨在建立三维立体空间,并将虚拟现实技术的建模语言纳入国际标准发表出来。随着计算机硬件和软件的不断发展,到21世纪初期,大数据的加持以及人工智能技术的引入使得虚拟现实技术越来越趋向于一个综合的技术系统。虚拟现实技术的发展从粗糙的力反馈头盔到越来越轻便的头显,从单一的显示图像屏幕到多感知系统,从数据手套对关节运动越来越细化的感知,以及手柄的发明,随着皮肤衣接触元越来越细腻的知觉反馈和越来越精细的动作捕捉,虚拟现实技术呈现为越来越敏锐、精准以及系统化的、与知觉联系越来越紧密的技术形式。虚拟现实技术发展至现代,与大数据、人工智能等当下热门的技术结合,给受众提供了全方位、多感知、多互动的体验。

3. 语义分析

对虚拟现实词义的解释,分别从virtual和reality展开研究。virtual是形容词,而reality是名词,两者是修饰的关系。

《剑桥英语词典》对virtual的释义为:something that is virtual can be done or seen using a computer and therefore without going anywhere or talking to anyone。中文翻译为:通过计算机,不需要去某地或者和别人对话就可以做一些事情或者看到某物的虚拟形式。

《牛津在线字典》对virtual的释义为:made to appear to exist by the use of computer software,for example on the internet;almost or very nearly the thing described,so that any slight difference is not important。中文翻译为:通过使用计算机软件(例如,在互联网上)而存在的事物;对于描述的事物,任何细微的差异都不重要。

《韦氏词典》对virtual的释义为:being such in essence or effect though not formally recognized or admitted; being on or simulated on a computer or computer network；using virtual memory。中文翻译为：在本质上或效果上尽管未被正式认可或接受；在计算机或计算机网络上模拟；使用虚拟内存。

关于 reality，《剑桥英语词典》释义为：the state of things as they are, rather than as they are imagined to be。中文翻译为：现实；实际情况。

《牛津在线字典》对 reality 的释义为：the true situation and the problems that actually exist in life, in contrast to how you would like life to be；a thing that is actually experienced or seen, in contrast to what people might imagine。中文翻译为：现实生活中存在的真实情况和问题，与希望的生活形成对比；实际经历或看到的事物，与人们想象的可能相反。

《韦氏词典》对 reality 的释义为：the quality or state of being real；television programming that features videos of actual occurrences (such as a police chase，stunt，or natural disaster)；often used attributively；something that is neither derivative nor dependent but exists necessarily。中文翻译为：真实的品质或状态；视频呈现真实事件(如警察追逐、特技表演或自然灾害)；通常用作修饰语；既不是派生的，也不是依赖的，而是必然存在的。

对于"虚拟现实"，英文为 virtual reality，《剑桥英语词典》的释义是：a set of images and sounds，produced by a computer，that seem to represent a place or a situation that a person can take part in。中文翻译为：一系列的计算机生成的图画和声音可以替代一个地方或者场景使受众参与其中。

《牛津在线字典》对 virtual reality 的释义为：images and sounds created by a computer that seem almost real to the user，who can interact with them by using sensors：the use of virtual reality in computer games；virtual reality uses computers to create a simulated three-dimensional world。中文翻译为：由计算机创建的图像和声音对用户来说几乎是真实的，用户可以使用传感器与它们进行交互，如计算机游戏中的虚拟现实；虚拟现实使用计算机来创建模拟的三维世界。

《韦氏词典》对 virtual reality 的释义为：an artificial environment which is experienced through sensory stimuli (such as sights and sounds) provided by a computer and in which one's actions partially determine what happens in the environment also：the technology used to create or access a virtual reality。中

文翻译为:通过计算机提供的感觉刺激(如视觉和声音)而体验到的人工环境,其中人的行为部分决定了环境中发生的事情并且用于创建或访问虚拟现实的技术。

　　上文从词义上对虚拟现实进行了概念性的阐释,接下来对技术的实践和使用情况进行溯源。

　　1989 年,VPL 公司创始人之一的 J. Lanier 首先提出 virtual reality,国内有关 virtual reality 的翻译最早出现在 1994 年,国内学者吴广茂、王国庆、游崇林和孙滨生在论文中将 virtual reality 译为"虚真实"。著名学者钱学森院士认为这种技术是一种能够营造一种境界,让人感觉好像身临其境的技术。他坚持翻译外文概念的时候要中国化,要有"中国味",所以将其称为"灵境"①,带有中国文化特色的新名词就出现了。后来的学者汪成为院士、北京控制工程研究所黄玉明和蔡忠林先生也将其称为"灵境"。金吾伦将 virtual reality 称为"虚拟实在",因其将现实区别于实在,在现实等同于实在的情况下才称作"虚拟现实"。王可和钱玉祉分别从中国的文字学和文艺理论出发,建议翻译为"电象"或"虚拟镜象"。后来的学者使用"虚实""虚拟真实"等名词。现在普遍确定了virtual reality 的中文译法为"虚拟现实",这一名词是专有的和特指的,结合其特征、要素和本质来说,翻译为虚拟现实已经达成了共识。

　　虚拟现实技术基于以计算机为主的软硬件系统生成的虚拟现实的空间,这种虚拟现实的空间既是客观空间,又是一种心理空间,是让身体感受到是一种真实空间的心理空间,在这种技术营造的空间之中,受众对于虚拟空间中的动态作出反应,与之交互,进而获得集听觉、嗅觉、视觉和触觉体验于一体的、贴近于真实的体验或者超越现实的、虚拟的知觉体验。而虚拟界面设置好的电影的呈现,则不在本书的讨论范围,因为电影是直接放映的、没有受众参与的、无法进行交互的。根据前文可知,广义的虚拟现实的形式之一是聊天室,虽可进行远程的交互,但是它是一种平面化的符号性质的交谈,不属于本书讨论的虚拟现实技术范畴,因其不具有三维空间的立体的感知。所以本书讨论的虚拟现实技术是狭义的三维虚拟空间里实现的、借助计算机系统的软硬件技术工具的、基于感知体验的、交互的技术形式。

---

① 李依环,秦华. 冲上热搜! 钱学森 30 年前给虚拟现实取名"灵境"[EB/OL]. (2021-11-26)[2021-12-01]. http://edu. people. cn/n1/2021/1126/c1006-32293038. html.

3.1.2　虚拟现实技术的特征

1993年,美国学者 Burdea 和 Philippe 在世界电子年会上发表了"Virtual reality systems and applications"(《虚拟现实系统和应用》)一文,提出"虚拟技术三角形",即 immersion(沉浸性)、interaction(交互性)和 imagination(构想性)。后来的学者都用 3I 来表述虚拟现实的特征内容。

交互性是虚拟现实技术的显著特征之一。从计算机构建的一维空间、二维空间到虚拟现实技术的三维空间,受众与技术的关系也在发生改变。曾经以技术为中心的观念和体验正在发生变化,虚拟现实技术实现了技术物逐渐向人靠近。交互性是指在虚拟现实技术构建的三维虚拟空间中,人通过感官知觉(如视觉、嗅觉、触觉、听觉等)与虚拟空间中的事物发生交互,可以是对虚拟空间中的事物的知觉反馈,或者是直接和虚拟空间中的事物产生具有连续性的交互。通过使用输入和输出设备,比如佩戴虚拟现实头盔、手拿手柄等比较常见的方式,可以使虚拟空间的位置发生改变,虚拟空间的呈现随着头部的转动或者手部的动作而变换;通过对虚拟空间中的事物进行选择产生交互,采用语音等形式和虚拟空间中的任务进行对话,虚拟空间中的事物也可接受语音的指令来调整内容。比如虚拟现实汽车拼装,受众戴上头显后,进入到虚拟现实技术构建的虚拟场景中,可以看到自己正站在组装车间,上下左右调整头的方向可以看见车间的全貌,举起手柄,手柄在虚拟空间中表现为一条红外线,可以选择车的零部件并拿起进行拼装,同时手柄会有相应的力反馈,汽车零部件被受众选择、组装,进而组装成一个由受众控制,反映受众意识的汽车整体。交互性还体现在只有实现交互性才能让受众参与进来,获得更贴近于真实的体验,获得基于自然反馈或者意识投射的交互活动。

沉浸性是虚拟现实技术最重要的特征。因为只有拥有沉浸感,受众才能走入虚拟现实空间之中,才能进行接下来的体验活动。沉浸感是虚拟现实技术的重要尺度,虚拟现实技术营造的虚拟环境是真实世界的仿真,是对受众感官感知的呼应。虚拟现实的理想模式是让受众沉浸在虚拟世界中,感觉自己好像处在真实世界,分不清哪里是虚拟世界哪里是真实世界。所以虚拟现实技术的自然交互体现在其与真实世界无限贴合,比如虚拟现实世界中的重力作用,如果手柄没有抓紧选取的对象,该对象就会在虚拟空间中掉落,而不是悬浮,掉落的同时伴随着声响,达到视觉、听觉甚至触觉与真实世界一致的效果。只有实现受众对虚拟世界的完全沉浸,才能展开相应的交互,进而获得体验。当前依然存在的延迟的问题,就是因为头显的画面刷新速度跟不上大脑的反应速度,头部方向的改变使得虚拟现实画面延伸和拓展,可是刷新率不够高会导致画面的延迟,甚至让人产生眩晕感,从而失真,降低沉浸感,进而使虚拟现实的效果大打折扣。

虚拟现实的构想性特征不是虚拟现实技术区别于其他技术的显著特征,因为电影和电脑游戏等也具有构想性特征,但是虚拟现实技术的构想性特征不仅体现在内容上面超越现实,而是要基于人的意识的投射,构建一个具有想象力的空间,使受众沉浸其中,获得想象世界的体验。关于意识的投射概念后文会提到。只有人具有想象的能力,虚拟现实的构想性才能成为可能,人的想象能力是实现虚拟现实技术构想性的基础。如"细胞的旅行"这一科学教育内容的虚拟现实展示,当受众走进虚拟现实沉浸空间后,可以看到细胞向受众涌来,受众可以选择查看不同的细胞并放大缩小细胞结构,可以跟踪细胞裂变等变化过程,进而获得对于身体内部构成的知识(图 3.1)。这种虚拟现实情境是基于真实科学依据,并在构想的基础上通过多媒体技术制作的,而受众沉浸其中也能发挥自己的想象力,想象自己是一个细胞,正在经历着旅行,这一过程的完成是虚拟现实技术构想性的体现。

图 3.1　泰州科技馆细胞 VR 体验示意图

　　虚拟现实技术还具有多感知的特征。多感知的特征和沉浸性、交互性是密不可分的,视觉、听觉、嗅觉等感官知觉的结合都是多感知特征的组成要素。这些感知结合为一个整体,是具有整体性的。如果只有视觉和听觉,那么在有些虚拟现实技术形式中则无法让身体完全沉浸,交互的动作也无法获得反馈,那么人就会脱离而出,虚拟现实就无法营造一个逼真的环境。只有结合多感知特征,身体各个感官共同发挥作用,才能获得虚拟空间的真实体验。

　　虚拟现实技术发展到现阶段呈现出一些新的特征,比如遥在的特征。2019世界 VR 产业大会在南昌举行,期间呈现的虚拟现实具象形式——虚拟现实医疗范畴内的虚拟现实救护车就呈现出遥在的特征。医生通过远程诊断获得救护车上病人的情况,并实施相应的救护措施,还有远程手术也是通过远程的方式实施手术,病人和医生在不同的地方,但依靠虚拟现实技术,跨越了空间的距离,尤其是自动控制技术和机器人技术的合成,实现了虚拟空间中真实的手术治疗过程,这充分体现了虚拟现实技术的遥在特征。

3.2　虚拟现实与客观实在的区别

　　虚拟现实技术的"虚拟"和"现实"组合在一起,到底是虚拟还是现实,看起来有些矛盾,其实"虚拟"是"现实"的修饰语。将这两个词组合起来看,计算机领域和电子信息领域将 virtual reality 翻译成"虚拟现实",一些哲学家将其翻译成"虚拟实在",它是指"具有实际功效但事实上绝非如此的事物或实体"。①从技术层面上看,虚拟是贴近现实的一种方式,一种使身体沉浸其中获得和真实世界一样或者超越真实世界感知的一种体验的形式。迈克尔·海姆的著作《从界面到网络空间——虚拟实在的形而上学》(*The Metaphysics of Virtual Reality*)中,金吾伦、刘钢也将 virtual reality 译为"虚拟实在",本书用以表述具体技术形式则还是用通用的技术性用法——虚拟现实。

　　虚拟现实和客观实在到底有着怎样的关系呢? 先从虚拟现实与客观实在

---

① 李永红.技术认识论探究 [D].上海:复旦大学,2007:142.

的区别进行阐释。虚拟现实技术是由计算机软硬件系统、输入输出设备等保障虚拟现实情境得以实现,目的在于营造一个虚拟现实空间,达到对真实世界的仿真。仿真则是模仿和无限接近于客观实在,但却不是客观实在。虚拟现实技术可以营造一个虚拟现实课堂,课本、桌椅、黑板等都还原了客观实在,老师和同学也在虚拟空间之中,但是我们无法触摸到这些老师和同学。这些虚拟空间中的物是信息世界的产物,究其本质是数字化的对象或者信息的仿真,是比特,是科学语言。这些数字化和信息的仿真模式是虚拟的现实,而非客观实在。虚拟现实技术的特征之一就是沉浸性,使受众在多感知的知觉体验中恍若置身真实世界,处在客观实在的物之中,而这是一种意识的沉浸,这种沉浸感来源于虚拟,如果身体无法区分虚拟现实与客观实在,则会产生认知错乱。从这个意义上来说,虚拟现实是区别于客观实在的,其客体的地位带来了主体的变化,决定了技术的本质区别。

虚拟现实不只是单纯的信息载体,更是一种体现物的属性、特征和联系的表征。通过上述分析得知,虚拟现实是数字化的客体,但这种区别于客观实在的技术物呈现的内容又不是完全主观和虚无的。虚拟现实技术营造的虚拟空间中的身体对虚拟空间产生意向的投射和交互,同时虚拟空间给予反应的输出,身体决定着虚拟事物的走向,体现着主体意志。虚拟空间的物的构建又是基于客观实在的,或者具有一定的超越性,所以身体可以获得的相关真实体验是和客观实在的体验具有相似性的,甚至超越了客观实在无法体验的事物来获得认知。从这个意义上说,虚拟现实区别于客观实在的同时并没有走向客观实在的反面,也没有走向意识完全形而上的层面。

3.3　虚拟现实与客观实在的联系

3.3.1　虚拟现实来源于客观实在

为了使虚拟现实技术呈现的内容更具有沉浸感,一个很重要的前提就是虚拟现实呈现内容的真实性。只有实现内容的真实性,才能进行交互的自然发生以及意识构想的实现,虚拟现实技术的内容真实性体现在虚拟现实来源于客观实在。从前文描述的虚拟现实技术的发展过程来看,从仿真头盔、数据手套到皮肤衣的发明,都是强调模拟知觉和真实知觉一样,无限模拟身体在触觉、听觉、视觉等知觉刺激上的感知,进而发明者创造了无限逼真的电信号,来刺激身体的反应。这种对于知觉的无限模仿和逼近提出了虚拟现实内容来源真实性的内在要求,虚拟现实来源于客观实在体现在虚拟现实的内容和形式上。

从内容上看,除了对知觉无限贴近的模拟以外,还有对客观空间的真实性的模拟,虚拟现实技术营造的虚拟空间是真实空间的再现,但复杂程度远远大于视觉层面的再现。三维空间在视觉上的呈现首先是双眼辐合的结果,是方位方向以及视觉深度的呈现,既要考虑虚拟空间在视觉呈现方面是符合规律的,同时还要构建视觉空间里各个物的细节。这些物既是平面的,又是呈现在三维空间的立体图形,其复杂的建构来源于客观实在,又增添了很多技术性内容,既来源于现实,又超越了现实,其目的是更加完整的仿真,让身体感觉身临其境。虚拟现实内容来源于客观实在,符合现实世界的规律性,无论是在科学原理还是在生活习惯层面,虚拟现实技术的设计都旨在呈现一个具有现实规律的虚拟世界。虚拟空间对于真实空间客观规律的模仿,是结合科学客观规律的呈现,是对生活习惯合乎规律的模仿,要与身体的相关概念结合起来。身体在与技术物的交互之中形成了习惯,这是现象学层面的"习惯"的概念,是和身体图式的整体性密不可分的,而虚拟空间的建构也要兼顾身体习惯的养成。

从形式上看,虚拟现实技术对技术对象的发明越来越精细化,精细到和人的关节相契合,如视网膜追踪技术,就是为了实现虚拟现实更加靠近于真实实在而发明的。虚拟现实在形式上也是来源于客观实在的,并在设计的过程中无限逼近客观实在。

3.3.2 虚拟现实的目的是认识和改造客观实在

前文叙述了虚拟现实的内容来源以及真实性。虚拟现实绝不仅仅是对真实世界的模拟和仿真,如果只停留在对真实世界的模拟和仿真层面,那么虚拟现实的意义并没有被完全彰显出来。虚拟现实来源于客观实在并且超越于客观实在,其目的是认识和改造客观实在。虚拟现实具有超越现实性的部分,体现在对于现实无法呈现的内容的表现上。例如,对太空空间的探索以及对微观世界的展现,现实世界是很难去亲身体验或者观察的。为了使受众获得相关的知识和认知,则需要借助技术,传统的呈现形式为二维空间的电脑屏幕的扁平化呈现,而虚拟现实技术情境下的三维空间的呈现则使对象性内容鲜活起来,只有达到对客观实在的超越性再现,才能让受众更为清晰地获得认知,增加相关体验,这是从内容层面上来描述虚拟现实超越客观实在的部分。

虚拟现实技术在功能上体现了虚拟现实的目的是认识和改造客观实在。技术的发明旨在造福人们生活,使人更好地认识世界和改造世界,虚拟现实技术首先实现了对真实世界的模拟与再现。在真实世界中有一些没有办法被肉眼观察以及没有办法使人获得切身体验的事物,而虚拟现实将超越现实存在的部分内容升华了,可以为受众提供超越现实的内容,进而使受众可以更好地认识世界、改造世界。虚拟现实超越客观实在的内容可能是在客观实在中人们无法达到和实现的,可能是跨越时间和空间的界限才能呈现的,可能是抽象事物的具象化呈现,还可能是基于现实世界的想象力和创造力的呈现。虚拟现实以一种数字化的方式来呈现,使受众更好地认识在客观实在中无法认识到的实在内容,达到使受众认识和改造客观世界的效果。而这一交互性过程也体现了虚拟现实对客观实在的改造,无论是在形式上还是在内容上,虚拟现实既以认识和改造客观实在为目的,又在过程中实现了认识和改造客观世界。

3.3.3　虚拟现实和客观实在呈现互相转化的趋势

虚拟现实和客观实在不是互相分离、界限分明的。虚拟现实虽然在无限贴近客观实在的过程中区别于客观实在,但是同时虚拟现实又超越了客观实在,并且实现了对客观实在的认识和改造,那么虚拟现实和客观实在之间有没有交互性过程呢? 有没有互相转化的相互联系呢?

虚拟现实技术发展到现阶段,虚拟现实和客观实在相互联系并且呈现相互转化的趋势。虚拟现实向客观实在的趋向性体现在内容和形式上的模拟和仿真,这体现了客观实在向虚拟现实转化的方向。把客观实在的内容通过软硬件呈现在虚拟空间之中,或者将不那么直观的客观实在以直观呈现的形式展现在虚拟空间中,实现了客观实在向虚拟现实的转化,这是一种内容向形式的转化,虚拟现实在某种程度上体现了一种工具性。虚拟现实向客观实在的转化体现在虚拟现实内容转化为了一种客观实在,比如虚拟现实里关于城市建设的构想,受众在虚拟现实里设计出城市规划图,再进行分析和修改,最终呈现真实的道路设计方案;又如虚拟现实绘画这种虚拟现实技术比较新的具象形式,将虚拟空间中的立体化创作通过 3D 打印而转化为现实世界里的雕塑作品,就是一种虚拟现实转化为客观实在的体现,在这个维度上,虚拟现实实现了对客观实在的方向引领与预设,并且可以将虚拟空间里的创作转化为真实存在的对象。所以说,具体案例已经体现了虚拟现实和客观实在互相转化的关系,并呈现出虚拟现实与客观实在互相转化的趋势。当然,在这个过程中虚拟现实技术结合人工智能、3D 打印等新技术来不断实现对真实世界的再现与创新转化。

3.4　虚拟现实技术中何为实、何为虚

3.4.1　主客体的虚与实

从人与虚拟现实技术物来看,人是现实世界的主体,人创造了虚拟现实技术物,人在虚拟现实技术营造的虚拟空间中也是处于主体地位。现实世界中的人是真实的,虚拟现实是由人所创造的,虚拟现实中的主体(人)具有怎样的特性是需要讨论的问题。现实世界和虚拟世界的主体都是活生生的具有真实知觉的人。虚拟现实技术中的手柄、头显、皮肤衣等都是与主体的感官相结合的系统,主体和虚拟现实技术是互为输入和输出系统的两端。虚拟现实技术营造的对听觉、嗅觉、触觉、视觉等知觉的仿真和模拟依赖于主体的感官感知,也就是说,如果没有主体的感官感知,技术对于感官知觉的模拟便没有意义,技术的存在在某种程度上依赖于人的主体地位的实现。

虚拟现实技术营造的虚拟空间中,人成为一个数字化的对象,可以拥有新的身份,也可以选择人的各方面信息,是一个虚拟空间的主体。那么虚拟空间的人是虚假的吗? 是身心分离的吗? 本小节将对比展开讨论。

现实世界的人在虚拟空间中建构了一个数字化的对象,这个对象在虚拟空间中扮演着对应的角色,执行着对应的动作,但究其本质是现实的人依据自己的行为、意志构建的虚拟的对象,是现实的人的思想的体现,是现实的人的操

作,虚拟空间只不过是把这些现实的人的行为和意志通过模式识别、多感知传感、语言系统等技术手段转化为一个数字化对象来实现的,依然是人在这个过程中认识世界和改造世界,依然是人的意识的投射,所以虚拟空间中的主体依然是人。在这个过程中,身体处在现实世界,心灵处在虚拟空间,有学者曾提到这是一种身心分离,但并非如此。后文也会结合梅洛-庞蒂的身体现象学理论展开详细阐释,身体与心灵的一体化体现在意识的投射与身体知觉动作的统一上,所以在虚拟现实技术视域下的身心是统一的,并且人的主体性地位也得到了凸显。

分析虚拟现实的客体要从虚拟现实客体与客观现实的关系中来讨论。从虚拟现实技术的操作应用系统来看,虚拟现实技术的客体是通过虚拟现实技术物,包括计算机、头显等技术设备来感知虚拟空间里的虚拟内容。虚拟空间的虚拟内容是虚拟现实技术的客体,从技术设备来看,它们是客观的、物质性的和真实的;从虚拟空间的内容来看,这一部分虚拟客体和客观现实相互联系,虚拟客体是在真实客体的基础之上建造出来的信息材料的结合,如果没有真实客体的奠基性作用,就没有虚拟客体的存在。虚拟客体是通过数字化模拟达到对真实世界的仿真。虚拟客体在对真实客体进行再现的同时,又延伸着真实客体,是真实客体创造性的呈现。

主体通过技术物的创建使得虚拟客体的客观性得到凸显,同时主体的参与又使得虚拟客体有着属于人的客体世界。虚拟客体与客观现实关系的建构来源于主体对于客观世界的认识和改造,同时虚拟客体的呈现又在于主体的参与,只有主体在虚拟空间中发生交互性动作,虚拟客体的地位才能凸显出来,如果没有主体的参与,虚拟客体的地位便不能彰显。同时,如果虚拟客体不来源于客观实在,那么虚拟客体将成为无源之水,更无法在主体的交互性过程中提供知识和体验。虚拟空间的客体不是孤立的和静止的,虚拟客体的计算机和软硬件系统等技术组成部分是客观存在的,虚拟客体在虚拟空间的营造依赖于虚拟现实技术的动态过程。所以,对于虚拟客体的讨论是放在动态的虚拟现实技术营造的虚拟空间内来探讨的,如果不在动态的交互过程中讨论,则虚拟客体的内涵是不完整的。因为如果没有动态过程,则体现为客观的实在,便没有虚拟客体的加持。所以,对虚拟现实技术的主客体的讨论是放在技术运行过程中人的参与、技术物的反应的动态过程中来实现的。

3.4.2　内容的虚与实

虚拟现实技术呈现的内容在前文的讨论中也有所涉及,它是对客观实在的重复与再现,力图构建一个仿真的三维空间,使得受众在虚拟空间之中获得真实的体验。上述的沉浸性、多感知性、交互性等特征,目的都是使受众有恍若置身真实世界的感觉。所以,虚拟现实技术构造的虚拟空间的内容来源于真实世界,力图对真实世界进行模拟和仿真,它也有超越现实世界的部分,展现了现实世界无法呈现的或无法跨越时间和空间距离的事物。虚拟现实超越现实世界的内容也是建立在现实世界之上的、合乎规律的真实性内容。具体表现形式为展现现实世界肉眼无法观察的微观世界的科学规律;或者跨越空间的虚拟课堂的远程教育、虚拟老师的呈现、教具的使用,实验过程的展现看似是在虚拟空间发生的,可是虚拟老师也是远程的真实世界老师的数字化客体的呈现;或者虚拟时空漫游,是超越了时间与空间的限制,对太空发展历史的再现。所以说,虚拟现实技术对于现实的超越性体现在内容层面上,但这些超越性的内容也是基于真实世界的创造性呈现,为了使人们获取知识和体验,进而更好地改造世界。虚拟现实技术呈现的内容有真实再现的内容和超越性的内容,这两部分内容都是源于真实世界的,超越性的内容更是创造性的体现。

3.4.3　界面中介的虚与实

前文就虚拟现实技术的主客体与内容展开了论述,连接虚拟现实技术的主体与客体之间的桥梁就是界面中介。主客体之间通过界面中介来进行交互,离开了界面中介,就没有客体的显现以及交互过程的实现。在虚拟现实的交互过程中,客体无法直接进入主体的认知里来,主体也不是直接与客体相接触来进行交互的,连接主客体之间的就是中介。虚拟现实技术的主客体之间的中介包括物质性的中介和非物质性的中介。由头显、皮肤衣、手柄等组成的物质性中介,传递知觉的信息给身体,身体给予反应再通过中介进行传入,中介的界面上人的感知被放大了并转为机器的电信号,传递为数字化的信息,物质性中介是连接身体知觉与客体的桥梁。同时,真作用于身体知觉的不是手柄的物质本身,也不是头显的物质本身,而是这些技术中介传递的信息。换言之,信息是主客体之间的中介,主体被信息中介化了,如果只有物质性的中介,主客体之间是无法连接起来的。而信息化的中介也是需要通过物质性的中介来完成,所以,物质性的中介和服务之间的信息化的中介共同构成了虚拟现实技术中主客体交互的界面。虚拟是数字化的表达方式和构成方式,它构成了人类新的中介革命。[①] 它区别于传统的物,用直接接触的方式来完成信息的交换,体现为一种直观的、可感可观的物的中介形式。物即是客体又是中介,而在虚拟现实技术之中,这种虚拟的中介的物质性和非物质性的结合赋予了中介新的形式和内涵。

虚拟现实技术的中介与主客体的关系是在动态的过程中展现的。如果虚拟现实技术的主体不进行意向投射,即没有发挥中介的作用,则虚拟现实的客体也不复存在。技术的界面又和虚拟现实技术的客体之间有着密不可分的关系,技术的中介在虚拟空间的建构中起着至关重要的作用,虚拟空间在某种意义上也属于界面的内容,它们都旨在呈现一个信息化的科学语言世界,使身体达到沉浸的体验,技术中介可以说是虚拟客体的一部分,因为技术中介的参与使得虚拟空间得以实现,技术中介功能的发挥关乎着虚拟空间内容的呈现,所以虚拟客体和技术中介具有紧密的联系。

3.5　虚拟实践特性

3.5.1　虚拟性与虚拟实践

上一节研究了虚拟现实技术对客观实在内容的再现与超越,其超越性是人的创造性的体现,在虚拟现实主体与客体的交互过程中,把主体的客观动作进行符号化、数据化呈现,营造一个关系实在的虚拟空间。主体在与客体连接的过程中,获得了新的认知和体验。这里从虚拟主客体、中介与客观实在的关系论述了虚拟现实技术的交互过程不是人们对虚拟过程的直观印象或者思维的虚拟活动的完成过程,阐明了虚拟现实技术视域下实践的本质特征,这里引入"虚拟实践"的概念,来阐明虚拟现实技术的本质特征,进而为后文的身体与虚

---

① 陈志良. 虚拟:人类中介系统的革命 [J]. 中国人民大学学报,2000(4):57.

拟现实技术的具体特征阐释奠定理论基础。

虚拟性是伴随着人类的实践活动产生的,并不是虚拟现实技术特有的特征。人不是力求停留在某种已经变成的东西上,而是处在变易的绝对运动之中。[①] 虚拟性和现实性一样,是实践对象的固有特征。人类通过发明技术制造工具来完成对现实性的超越。虚拟性是人的创造力的显现,语言符号的出现是广泛意义上的虚拟,随着计算机技术的不断发展,语言符号的中介系统逐渐被数字化的中介系统和语言的中介系统相结合所代替,呈现虚拟化的特征,使得虚拟性成为虚拟现实技术实践活动的显著特征。

虚拟性内容的产生是人想要超越现实世界进而改造世界的创造力的显现,人们不再满足于对现实世界的物质性的直接交互,局限于现实内容的范畴,受到时间和空间的限制,将技术发展到成为虚拟中介物,旨在超脱现有的物质框架,而达到不局限于被动接受事物,成为主动发现事物、再现事物,甚至创造现实中没有的事物的境界。人们将技术物的客体改造为超越真实世界之上的虚拟与真实相结合的世界,对于虚拟空间的交互性动作的产生是人创造性的体现,也是事物超越性和真实性的体现。

在一个典型的计算机系统生成的虚拟世界里,人的活动可以说构成了虚拟实践。[②] 虚拟现实技术中主体的活动构成了虚拟实践,虚拟实践以图像识别、人工智能、新传感手段等技术中介为基础才得以完成,虚拟实践形成了交互的界面,在这个过程中,连接着主体与客体的实践活动,同时虚拟实践过程也是主体参与巨量信息传递与处理的主客体共生与交互的过程。

广义的虚拟实践是指借助语言系统或非物质性工具改造现实的实践活动,狭义的虚拟实践则需要借助语言系统或数字化技术中介系统来进行实践主客体的交互过程,是有目的的、超越客观实在的感性活动。狭义的虚拟实践由广义的虚拟实践衍生而来,具象为一种固定的模式,虚拟现实技术营造的虚拟空间的活动则是狭义的虚拟实践的具体显现。虚拟实践突破了传统的、思维虚拟的、纯粹意识的虚构和想象空间,转换为一种真实存在的、产生意向投射的、由交互动作实现的实践活动,使得虚拟性的内涵得到了丰富,虚拟不再仅仅是颅

---

① 马克思,恩格斯. 马克思恩格斯全集:第 46 卷 [M].北京:人民出版社,2003:486.

② 章铸,吴志坚.论虚拟实践:对赛博空间主客体关系的哲学探析 [J].南京大学学报(哲学·人文科学·社会科学),2001(1):8.

内思考的想象力的呈现,而是可以转化为一种现实。虚拟实践同时也突破了传统的实践方式,将与物质实在的接触性的实践活动转化为一种在虚拟空间里可以将人的经验所得与习惯动作付诸虚拟现实中介系统中的活动。经过虚拟现实技术系统的综合处理,结合当下大数据等新技术形式的材料的处理、分析和演绎,以一种数字化语言的方式呈献给虚拟实践的主体。虚拟实践挣脱了物质的束缚和单纯想象空间的局限性。虚拟实践是客观现实实践的一种补充,其依然是人的意识和意志的对象和产物。同时,人又可以在虚拟实践的过程中获得新的认知,在面对虚拟世界和现实世界的时候,做好虚拟实践和现实实践的切换,以便在虚拟实践中获得真实的体验和认知。

3.5.2　人-机新感性

实践获得是一种感性活动,感性是哲学历史中重要的概念。马克思在唯物论中谈到"把感性理解为实践活动"。对于感性的理解和把握,本小节将从相关的概念解释展开讨论。唯心主义的理解是感性活动是脱离真实的,旧唯物主义以费尔巴哈对感性的理解为代表观点,认为感性是客观的直观显现,是直观的对象。马克思对于唯心主义和旧唯物主义关于感性的阐释是持反对意见的。他认为,感性不是单纯的脱离真实的意识活动,也不是时间的客体本身,是物质化的直观的对象,是一种实践的获得。这种活动、这种连续不断的感性劳动和创造、这种生产,正是整个现存的感性世界的基础。① 旧唯物主义忽略了感性的主体地位,忽视了主体的创造性显现,单纯地将感性阐释为客观的对象,忽视了主体的能动性。感性活动是主体在把握了自身的内在规律和事物的发展规律的基础上实行的有规则的、符合规律的、具有内在含义的实践活动,是主体意志的体现,也是现实的主体和客体互动的实践场景。实践是一种感性的活动,是用动态联系的视角来阐释的。人生活的世界也是一个感性的世界,并且随着技术的发展呈现出不一样的感性的特征。

感性是现实生活的侧面,感性随着历史的发展呈现出不同的特征。首先,在自然感性的阶段,人依赖于自然而存在,人的生存很大程度上取决于对自然的索取,人与自然的交互是人直接与物质性客观外在交互的实践活动,此时的

---

① 马克思,恩格斯. 马克思恩格斯选集:第 1 卷 [M]. 北京:人民出版社,1995:77.

感性是人与自然交互的产物,是对自然的崇拜和依恋,感性意识的萌发来自大自然并且具有着浓厚的直观性特征。其次,到了技术发展的新阶段,人的实践活动渐渐让人感知到了人的主体性地位。实践活动是围绕人展开的,人发现可以通过自己的实践活动来获得对于物的认知,逐渐形成了人的文化,即语言符号系统、图形图像系统、民族风俗习惯等。文化的出现使得感性的内涵进一步向前发展,促进了感性从以自然为主到以人为主的变化,开始重视人的实践、人的活动、人的创造力的显现。

技术的发展不仅带来了社会的变化,还带来了技术情境下人的实践活动的变革。虚拟现实技术发展到现阶段,将人与技术的实践方式从过去的直接与技术接触,到现在与技术中介接触,即界面的交互,从过去对客观物质的直观感知到现在通过技术中介沉浸在客观空间展开交互,感性的内涵在技术发展的过程中再一次被丰富了。在这个过程中,形成了人-机新感性。新感性体现在实践的方式上,从直接接触到通过数字化中介的方式,之前人直接通过视觉、听觉、嗅觉、触觉等感觉的感知来获得事物信息,现在通过虚拟现实技术构造的虚拟感知体验来获得事物信息,而且现实中体验不到的事物可以在虚拟空间中被感知到,这种触觉、视觉和听觉等知觉的结合是通过技术材料的形式被感知到的,所以对于人-机新感性首先体现在人与物的交互方式上。此外,从过去的自然世界到发挥人的主动性制造的技术世界,再到现阶段具有数字化、网络化特征的虚拟现实的技术世界,感性的客体从客观实在的现实世界转化为现实世界和虚拟世界结合的对象客体,从现实的平台转向虚拟和现实结合的平台,其内容展现也拓展到了客观实在无法使人抵达的领域和空间,并将人的想象力和创造力融入其中,创造出了一个可触可感、信息量巨大、基于现实又超越现实的世界,拓宽了人的认识范畴。虚拟实践也走向了一个新的感性方式,即人-机新感性,增添了感性的内涵,拓宽了感性体验的方式,将感性建立在数字化时代的背景下,呈现出新的特征。

虚拟现实的主体与客体的互动借助于虚拟现实技术的新平台和技术新中介,使得传统的感性模式增添了新的内容,形成了人-机新感性模式。在这种模式下的实践活动,即虚拟实践也显示出时代性的特征,在虚拟世界和真实世界客体的融合下,对于虚拟现实技术主体认知范围的扩展和认知方式的创新具有重要的意义。

本 章 小 结

　　本章论述了虚拟现实技术中虚与实的问题。首先,对虚拟现实概念进行语义分析,并追溯概念发展的源头进行阐释,论述概念的发展过程以及具体分类,并就具体案例来分析虚拟现实的 3I 特征。其次,结合技术情境对虚拟现实与客观实在的具体内容进行详细阐释,虚拟现实虽然在无限贴近客观实在的过程中区别于客观实在,但是同时虚拟现实又超越了客观实在,并且实现了对客观实在的认识和改造,与此同时虚拟现实技术发展到现阶段,虚拟现实和客观实在相互联系并且呈现相互转化的趋势。再次,从主体、客体、界面三个角度来论述技术场域中何为实、何为虚的问题。最后,阐明虚拟现实技术的交互过程不是人们对虚拟过程的直观印象或者思维的虚拟活动的完成过程,而是具有技术情境中的实践的本质特征,并引入"虚拟实践"的概念,为后文身体与虚拟现实技术的论述奠定理论基础。

第4章 技术现象学理论视域下的身体本质

4.1 身体理论

4.1.1 现象学还原基础上的存在

对梅洛-庞蒂的现象学思想进行追溯,可以看到胡塞尔的还原现象学理论、海德格尔存在主义现象学对梅洛-庞蒂思想的影响。胡塞尔对现象学的学科描述是站在各个学科的联系之上阐释的,包含了现象学的本质内涵。现象学的思维方法和态度有别于其他学科,具有着特殊的哲学领域的思维方式和方法范式。① 梅洛-庞蒂将现象学放在一种世界存在的境遇中来探讨,用一种描述的方法来展现事物之间的联系。胡塞尔关于还原的方法论"回到事物本身"对梅洛-庞蒂的思想理论产生了直接的影响,胡塞尔主张要还原到事物本身,要想获得对本质的认识就要还原到意识产生的最初的源头,获得纯粹的意识起源的本质的认识,从而获得对意识的严格考察和认识。梅洛-庞蒂称之为不是对于世界还原到最终形态的认识,而是对于认识这种形式的考量,即对于这种还原状态的审度。梅洛-庞蒂不同意胡赛尔的还原的彻底性,即还原不可能完全还原到事物的最初本质,完全还原是不可能的。梅洛-庞蒂对于世界本质的还原认识不再强调对意识的主体之维,而是将其放在处境的背景中,即一种处境与意识交织的世界。

---

① 胡塞尔.现象学的观念 [M].倪梁康,译.北京:商务印书馆,2018:33.

梅洛-庞蒂对于身体包括与世界的关系的论述中体现了还原论的方法,对于事物本质的探究放在处境的空间里,也是一种在存在论的视域下思考问题的方式,关于存在论的观点和海德格尔关于存在论的理论有着一定的联系。海德格尔的"在世界中存在"的著名论断,把存在引入存在论的视域里,赋予存在本身以关注和意义。海德格尔对于存在的纯粹性的看待是将对事物的看待视为绝对外在的视看,而忽略了肉身的存在,只将其视为客观的空间之物,忽视了身体的重要性。梅洛-庞蒂对于存在论的汲取在于从一种处境的场域去思考问题,承认客观存在的物的对象性,把事物放在特定局域的意识投射的场域中去探究其本质,增添了身体的重要性。梅洛-庞蒂批判了海德格尔对于身体的忽视以及对于存在的形式化的描述,海德格尔依然是以一种独立的纯粹的意识或者存在本身来探究世界,而不是真正地将感知的身体纳入其中,在一个身体向世界中去的互相联系的处境的空间中来探讨。梅洛-庞蒂在海德格尔存在论的基础上,发展了现象学的理论,并看到了身体的重要性,重新描述了身体与世界的关系。梅洛-庞蒂的身体概念突破了意识或者存在的纯粹的描述,不是单纯的意识或者物质的形式,而是一种联系的没有边界的存在,类似于元素、因子之类的描述,体现了梅洛-庞蒂的身体现象学的独特性。

4.1.2　经验视域下身心一元的锚定

身体和心灵的关系是传统哲学一直关注的问题,对于现象学的身体的本质探索应当从身心关系的理论基础展开讨论。梅洛-庞蒂对身体的阐释是从对笛卡儿身心二元论的论证开始的。笛卡儿著名的"我思故我在",在身体与心灵的关系问题上回归到理性的出发点,强调对外物的思考来源于内心的理性,身体和心灵是独立的个体,身体是物质的外在表现,心灵是精神的思考范畴。"只是凭借我内心的判断能力,我就能够知道我以为那是由我的眼睛所看见的东西。"[①]笛卡儿把身体和心灵看成完全独立的个体,处于互不联系的独立的地位,割裂了身体和心灵的关系。他引入了关注主体性的概念,但关于主体的描述是建立在对意识的阐释之上的。笛卡儿对身体是持怀疑态度的,他将身体作为研究对象,并且阐释了感官知觉的概念,他认为身体是不可靠的,是变动的,

---

① 笛卡儿.第一哲学沉思集 [M].庞景仁,译.北京:商务印书馆,1986:178.

是可以扭曲的客体,是不具有稳定性的,而意识则不同,意识是自有的,是与人同步存在的内在之物,因而身体只是感官可以表现的物质性外在,而意识才是不变的、可以相信的永恒之物。主体被包含在意识范畴之内,而身体则是独立于意识的和区别于主体的外在之物。

笛卡儿强调了反思的重要性。笛卡儿认为反思是完全依靠纯粹意识的产物,是一种颅内的思考。反思强调意识的稳定性和确定性,而身体依赖于外在感官的感知,呈现出多样和多变的特征。这样一来,身体便被剔除出去,而反思则呈现了思维的动态过程,身体的物质性的外在便被严格区分开来,成为独立于意识的外在之物。笛卡儿强调反思是一种意识对于自身的直接呈现,身体被边缘化了,反思也成为严格意义上的颅内之物,身体分离出去成为区别于心灵的对象。同时,笛卡儿并不否定身心之间的联系,他认为身心的联系取决于上帝,而不是由身心自己萌发的,所以笛卡儿将身体和心灵严格区分开来,强调反思的重要性、反思的纯粹性和对意识的理性阐发,笛卡儿将身体完全割裂开来,成为一个依靠上帝来联系的外在之物。

笛卡儿的身心二元论没有对身心之间的具体联系进行阐释。梅洛-庞蒂反对身心二元论,认为身心二元论割裂了身体与意识的关系,并且区别于传统的机械论思维方法,主张从辩证的角度来看待身心关系。梅洛-庞蒂从现象学角度用辩证法来解释身心关系,将身体与意识放在一个辩证的统一体里,身体和意识都是整体的辩证的产物,身体与意识之间没有明确的界限,身体不是完全物性的隔离之物,而是人在与世界的交互过程中获得认知的载体,身体机能被整合到了一种超越物性的更高的层次,于是身体真正成为了人的身体。[①] 身体不是意识的产物,意识也不是身体的形而上的反思,身体与意识是一元的,即身心一元。身心二元带来的身心之间联系形式的问题超脱了割裂关系的理论,而在辩证法的视角下,将身心看成一元的整体,这些问题便迎刃而解了。

梅洛-庞蒂还引用了体验的观点来阐释反思的局限性以及反思得出的身心二元论的弊端。笛卡儿对于反思过程,强调反思的主体是意识,对事物的认识是通过反思得来的,是意识的客体化,身体本身不会去判断其真实性,而要依赖于体验。相反,反思的过程是颅内思考的内循环,与体验之间具有明晰的界限。

---

① 梅洛-庞蒂. 行为的结构 [M]. 杨大春,张尧均,译. 北京:商务印书馆,2010:297.

反思是我们意识内部的思考,是主客体统一的路径,而不是对客观实在的体验和认知。我们不应限制于反思的内循环路径而要引入体验的过程。在此过程中,身体作为自然物的角色依然存在,它既不是纯粹意识,也非不具备意向性的独立的"外部"之物,而是"一个心物交织的有机统一体"。① 所以说,梅洛-庞蒂对身体的阐释是建立在身心关系的基础之上的,对身心关系的描述奠定了身体现象学理论的基础。他从一种不同于机械论的路径出发,把身心放在一个辩证的整体里来讨论,并用体验的视角来进行阐释。他对于笛卡儿的身心二元论的否定,从反思的逻辑推演的进程中寻找漏洞,将反思意识的内循环过程的封闭性展露出来,并论证反思和体验的过程中身体与心灵的关系,最终得出身心一元论的观点。关于身体的论述,梅洛-庞蒂还引用心理学的格式塔理论得出身体图式的概念,本书在后面的论述中将提到相关内容。

4.1.3　"三种身体"的现象学审视

关于身体的理论,技术现象学中伊德的"三种身体"的理论备受关注,伊德将身体划分为物质身体、文化身体以及技术身体。我们称肉身建构的身体为身体一、文化建构的身体为身体二、技术建构的身体为身体三。② 身体一就是肉身的身体,是只具有知觉的、动觉的、现实存在的身体,强调身体本身,是身体的视觉、听觉、嗅觉等知觉获得的主体以及客观的在与技术交互活动中的客观载体的存在。身体一还在与技术的关系中来展现,即技术是身体的延伸,这在后文中人与技术的四种关系中也会提到,伊德是把身体一的客观阐释放在技术的关系中的,即技术是一种延伸性的身体,这里的身体就是身体一中身体的概念。身体二是指文化活动中的身体,身体是具有文化性、社会性和政治性意义的,是人类社会赋予身体的第二个层次。人类之所以为人,原因就在于人类文化内涵的加持。文化是人类社会孕育出来的独特的文化象征和符号,体现之一就是人类的语言。人类通过语言符号进行记载、交流等社会活动,是区别于其他动物的特征之一。所以说,社会的和文化的身体是第二个层次上的身体,身体二还与性别内容相关联,身体二是文化的和性别的身体,并结合相关女性学者的观点,建立起一个带有性别色彩的身体二的概念来。身体三是伊德在技术的发展

---

① 季晓峰. 从意识经验到身体经验 [D]. 上海:华东师范大学,2010:24.
② 杨庆峰. 翱翔的信天翁 [M]. 北京:中国社会科学出版社,2015:93.

中总结的,并在身体一和身体二的基础上提出的,身体是与技术交互的、受技术影响的身体,强调技术对于身体经验的改造,对于身体认知的影响等内容,身体三的身体是技术的身体。

伊德关于身体理论的第三个身体是在前两个身体的基础上提出的,后来在其著作《技术中的身体》中,将之称为"三种身体"理论。伊德有关现象学的部分内容是后现象学的,研究的方向开始将实用主义与现象学的研究方法相结合。前面关于身体的阐释是基于梅洛-庞蒂的身体现象学理论,从身体与心灵以及身体知觉表达的角度来阐释身体的论点,伊德更多地结合了技术的视角。本章会将伊德和梅洛-庞蒂关于身体的理论以及相关现象学理论的内涵进行整合和分析,并最终放在虚拟现实视域下来讨论身体的本质。技术现象学范畴内对技术的理解是关于"技术人工物"的概念。技术的发展带来哲学的反思,在新技术的使用过程中,人到底处在怎样一种位置? 人的地位发生了怎样的变化? 呈现着怎样的特征? 以及在人与技术交互的过程中人与技术又形成了怎样的关系?这些都是技术现象学关注的问题。伊德的后现象学开始转向实用主义与现象学的结合,关注物质,关注现实社会,关注实在的技术物等,都体现出技术现象学的特征。同时,从身体出发研究人与技术,对于身体的关注也日益凸显。现象学的研究方法将"世界"的概念引进来,从胡塞尔、海德格尔到梅洛-庞蒂,尤其是梅洛-庞蒂的现象学相关论述,关于身体知觉概念的阐释都是放在与世界的关系中来讨论的。梅洛-庞蒂关于现象场和背景-图形结构的叙述,也强调知觉活动的背景即世界的参与作用。伊德在这一点上延续了现象学的方法,继续引入世界的视角,即身体的分类也是根据身体在世界的特征、身体在世界的功能以及身体与世界的交互内容等来进行综合分析的。

伊德对于三种身体的划分和身体理论内涵的丰富具有一定的进步意义。身体一与身体二的区分是物质性身体和社会文化身体的区分。物质性身体就是日常的肉身,具有感知能力,可能会受伤,有着不同的外在特征,这是基础性的身体,更像是一个载体。身体二则看到了人类社会和动物社会的显著区别,即语言的形成,进而延伸到社会和文化因素的出现。身体正是由于文化和社会的影响才呈现出特有的行为和特质,这也是人文主义的研究进路,将社会和文化的影响考虑进身体乃至技术的发展进程中,从伦理学或者人类学的学科角度来考量各种文化因素影响下的身体的现状以及技术与身体的关系。身体三则看到了技术的作用,现象学技术哲学关注技术的重要性地位,身体被纳入技术世界,从技术对身体的影响层面来阐释技术发展情境下身体的走向。

伊德对于这三个因素的描述是三个不同的维度。那么,这三个维度之间有没有交叉?这种分类的方式具有合理性吗?首先,文化身体与物质身体不具有明显的界限。从性别视角出发,文化身体强调性别的因素,即性别文化囊括在文化的大范畴下,性别文化的形态与文化发展、社会和经济都有所关联,然而性别是自然意义上的,即物质意义上的,所以身体一的物质身体与身体二的文化身体具有交叉的部分内容。同时,技术对于物质身体的影响早已转化为习惯而内化在身体一中,所以技术身体不能独立地分离出去。再者,技术受文化和社会乃至政治和经济的影响,所以不同文化视角下或者不同社会形态下的技术发展走向不同,技术侧重不同,与身体结合的形态也有所不同,技术发展的历史也是文化的历史和社会的历史,所以技术和文化都不能“独善其身”。从字面上看,对于物质、文化和技术的分类本身就存在着含混不清的问题,所以这三种身体的分类也具有含混的特征,这种分类的方法也值得深思。

笔者认为伊德对于三种身体的论述具有远离现象学的倾向,对于不同层面的划分界限太明显,对于物质与文化的划分有点偏向二元论的起点。

4.1.4　新技术视域下的“四种关系”

伊德的“三种身体”理论为身体理论的建构突破了传统的身体与心灵二分的困境,提供了一些关于身体的内涵,包含技术维度的方向和方法,但同时也有一定的局限性。我们还可以通过伊德的人与技术关系理论来理解身体理论。技术现象学关注人与技术的关系,伊德的人与技术四种关系是其理论的核心点之一,对后世的技术现象学产生了深远的影响。

伊德的人与技术四种关系的论述本身具有一定的矛盾,放在虚拟现实情境下则更显示出不适应性。基于有些学者用伊德的人与技术四种关系来阐释虚拟现实技术形式呈现出的理论的内在矛盾,笔者在这里作具体的分析,以便更好地理解虚拟现实视域下身体与技术关系的发展。

伊德在人与技术四种关系的讨论中提到了知觉,但是把知觉固化了。伊德受到梅洛-庞蒂知觉现象学内容的影响,承认知觉对于身体的地位和作用,但是在论述人与技术四种关系时将知觉直接作为一种结果,即人通过知觉来和物交互,知觉的固化得出的结论是基于感官刺激的材料的综合,比如对于寒冷的描述,都是从感官的刺激层面来说明的。将知觉直接固化为已知的概念,走向了经验主义的泥淖,知觉变成了简单的、外在的感官感受的集合,并且直接被当作一种结论来利用。在描述人与技术的关系时,伊德没有真切地论述技术与人的关系产生的源头和过程,知觉在这一过程中扮演的角色应该从动态的关系中来讨论,而不是静态的结论式的内容。从知觉的基点出发,可以看出人与技术四种关系的知觉是固化的、静态的和结论式的。

伊德在人与技术四种关系的论述中关于技术对象的举例,是钢笔、桌子、房子、拐杖和汽车等客观实在,人与技术关系的论述是放在人可以触摸到、感受到、看到的层面,无论是人使用的温度计、钢笔和拐杖等实在物体,还是伊德描述为背景的空调等物体都是可接触的、可视的客观实在,而对于虚拟现实技术营造的虚拟空间里的人与技术,就无法用这种物质性的人与技术可不可触或者可不可视的关系来简单论述。虚拟现实技术营造的虚拟空间相较于钢笔、空调而言是摸不着的,无法用触觉感知到的,比如虚拟现实拼装汽车,虚拟空间中的汽车零部件是虚拟的,工具也是虚拟的,无法用伊德提出的工具与手的技术关系来套用,所以人与技术四种关系无法直接套用在虚拟现实技术情境中。这四种关系是相对简单的对技术客观实在的描述,而相对于虚拟现实技术的复杂结构,虚拟空间里人与技术关系不能简单套用人与技术四种关系。伊德的人与技术四种关系也不是独立的,某种技术可能是四种关系中的两种或者多种的叠加,但这四种关系是基于可触和可看的单技术的关系,适用于物质层面,这里的单技术是相对于虚拟和现实结合的复杂技术来说的。

伊德的人与技术四种关系把人、世界和技术当成三个独立的事物来讨论彼此的关系,而人、世界和技术之间的界限是不明显的。运用现象学的视角来分析,尤其是梅洛-庞蒂对于知觉场的分析,人从来不是独立的,知觉也不是独立的。对于技术来说,技术更不是简单的客体,人与技术和世界的关系不是割裂的关系,而是在一个现象场里论述的关系。

伊德的人与技术四种关系看到了现象学中人与技术关系的理论核心所在,并且强调了技术对于知觉经验的改造,是具有一定的优越性的,但是对于人、技术和世界的独立的分析以及对于知觉的固化的理解,没有具体分析技术是如何影响人的知觉的,而且技术分析的对象只能是现象学技术的一部分,只适用于那一部分具体的技术,无法套用基于物质实体的人-技关系来讨论虚拟现实技术情境中的关系,而且人-技关系适用于简单技术,对于虚拟现实技术这种具有复杂结构且在虚实结合情境下的技术,伊德的关系论述则是不适用的。下一节将基于梅洛-庞蒂的知觉现象学的视角来展开讨论,并结合伊德等相关技术现象学理论来讨论虚拟现实技术中的身体。

4.2　虚拟现实技术应用下的身体本质

关于伊德的体现关系又称为具身关系,这种人与技术的关系基于接触性质和非接触性质来考察。伊德的人与技术四种关系局限于对于某种特定技术场的阐释,对于虚拟现实技术视域下的阐释则不适用。人-技关系是和伊德的"三种身体"理论密切相关的,即身体既不单纯是肉体,也不是纯粹的意识,本书基于伊德以及梅洛-庞蒂的身体理论和突破身心二元的说法,将身体看成是具有知觉格式塔的整体。要讨论虚拟现实技术中身体与技术的关系,首先来看虚拟现实技术中的身体呈现怎样的特征、身体的本质是什么。本节将从实在身体与虚拟身体两个维度展开对于具象的技术情境下的身体本质的探讨。

4.2.1　具身身体本质

1. 具身性

现象学的具身性和离身性在伊德的著作中有所提及。伊德预设了一个场景,让学生假设参加一个跳伞活动,可以是离身的身体或者是具身的身体。[①]离身的身体就是指学生设想自己是跳伞活动的旁观者,即并非自己亲身参与跳伞,而只是处在一个旁观者的位置,这时的身体就是离身的身体;具身的身体是指学生设想自己正在跳伞,自己是跳伞活动的亲历者,这种情境下的身体即为具身的身体。具身性强调人与技术交互的过程中身体的在场,表现为一种身体-主体的特征,知觉经验也是通过本己身体来获得的,具身强调身体的在场。

---

① Ihed D. Bodies in technology [M]. Minneapolis：University of Minnesota Press，2002：4.

伊德把具身性理解为在人与技术交互的过程中的物质性接触的实质,是身体的在场,是知觉经验的发出者和接受者,具身性把人与技术交互的领域局限在一个面对面的视角中。伊德的具身性是基于身体物质性层面的表达,那从浅层次的理解来看,通过判断是否接触就可以判断是否具身的方法有点不适用于虚拟现实技术。在虚拟现实技术创设的虚拟空间中,并不强调肉身的在场,即不落入身体心灵二元对立的划分模式,而是从知觉出发来判断是否具身。梅洛-庞蒂的身体现象学强调知觉经验的变更,对于虚拟现实技术而言,这种技术切实改造了知觉的内在结构,影响了知觉的内容,呈现为技术与身体不可明确划分界限的样态。所以,虚拟现实技术具身与否不取决于肉身的物质性参与,而是强调知觉经验的改变,技术对知觉产生了影响,虚拟空间中的身体是有具身性的。

2. 实在身体特征

伊德在三种身体的划分中强调身体的参与和实在身体的在场,实在身体就是客观实在中的我们的身体,实在身体与前文所说的知觉经验密切相关。虚拟现实技术由物质性的技术组成部分和技术营造的虚拟现象场共同组成,在虚拟现实技术营造的虚拟空间中,受众操纵手柄对虚拟空间的事物作出选择和操作性指令,手柄也会输出计算机的回应,表达为一种力的反馈,在这一过程中,实在身体参与技术的交互过程,通过身体切实的感知知觉来进行信息的交换。

3. 真实知觉的本质

从虚拟现实技术中需要实在身体参与的具身特征可以看出,虚拟现实依赖于真实知觉的构造。如果没有知觉的参与,或者把知觉固化为一种已知的结论,那么就会把身体和技术明确分离开来。有学者提出虚拟现实技术不是具身的,因为肉身没有真实地参与,也就是说客观实在的身体没有出现在虚拟空间里,虚拟空间里的内容都是虚构的,但无可否认的是虚拟现实技术的真实知觉的本质。虚拟现实技术营造的虚拟空间中虽然没有肉身的物质性存在,但是虚拟空间的交互性活动是意向活动的投射,具身性是基于技术对于知觉影响的层面而言的,而不是浅层次的物质化身体的客观实在。具身性强调技术改变了身体知觉的内容,身体切实地参与了与虚拟现实技术的交互,虚拟空间里的内容呈现也是身体意志的显现,所以虚拟现实技术是基于真实知觉的本质基础的。

4.2.2　虚拟身体本质

1. 离身性

基于伊德的现象学对具身身体和离身身体的阐释,离身性表现为一种被技术主体改造的一种客体,而非主体视角,可能是旁观者视角,即强调身体不在场的客体化的视角。伊德对于离身性的阐释主要是从一个他者的视角来说明的,强调身体的不在场。虚拟现实技术构造的虚拟情境中物质身体的离身并不表示意向的不投射,即离身是与虚拟身体的概念密不可分的,这里并非强调虚拟现实技术中身体的缺席,而是强调从虚拟身体视角出发的在虚拟空间层面理解的知觉经验。

2. 虚拟身体特征

对于伊德的人与技术四种关系的分析中,伊德用接触与否来划分人与技术的关系,在这个过程中,没有看到虚拟身体的出现,尤其是体现关系的阐释,完全是接触式的人与技术的解析,这种分类方法是不合理的,虚拟身体是意向身体的投射,绝不单单限制于接触,而是关注虚拟身体的维度。伊德指出,虚拟的身体所实现的只不过是通过技术把身体客体化、边缘化和图像化,这时,技术就是离身的技术。[①] 伊德理解的虚拟身体是虚拟现实技术中客体化的视角,而虚拟现实技术视域下的虚拟身体的真正意义在于其意识的投射和想象力的呈现。虚拟现实技术肯定与真实世界是有区别的,这体现在一定的虚拟性上,即技术是对于虚拟世界的仿真,或者对于真实世界的超越。一些在真实世界无法接触和体现到的事物呈现在虚拟空间里,而身体将自己的意向投射在虚拟空间里,在某种程度上和技术交互的身体是一种虚拟身体的显现。

3. 科学语言本质

虚拟现实归根结底是由接近完全形式化的计算机语言所构成的,在背后支撑着它的是一种科学主义和自然主义的还原论调。[②] 计算机的科学语言呈现的虚拟世界是身体与之交互的现象场,虚拟现实技术从技术的层面来看就是通过计算机软硬件等技术手段来营造一个与身体知觉密切联系的虚拟空间,这个虚拟空间的虚拟世界是基于真实世界来呈现的。从计算机语言的层面来理解,

---

① 刘铮. 虚拟现实不具身吗？ 以唐·伊德《技术中的身体》为例 [J]. 科学技术哲学研究,2019,36(1):89.

② 周午鹏. 虚拟现实的现象学本质及其身心问题 [J]. 科学技术哲学研究,2017,34(3):74.

虚拟现实技术的身体在这样具有科学语言本质的技术的交互过程中获得了对于虚拟世界的知觉体验。虚拟身体的本质是基于技术的科学语言的性质的。人通过现象生活的语言表达来获得对于世界的认知，人在虚拟现实技术营造的虚拟空间里通过科学语言获得知觉经验。所以，虚拟现实技术中的身体是与科学语言构造的虚拟空间的交互载体，从这个层面上来看，虚拟现实技术中虚拟身体的呈现，是科学语言的阐释，也是虚拟现实技术在语言层面的一个侧面特征，与虚拟身体紧密结合在一起。

本 章 小 结

本章论述了技术现象学派的身体理论，并对虚拟现实技术情境中的身体本质展开论述。对梅洛-庞蒂思想进行现象学理论溯源，讨论了胡塞尔的还原现象学理论、海德格尔存在主义现象学对梅洛-庞蒂思想的影响，分析了梅洛-庞蒂的身心一元理论。并对伊德的"三种身体"进行现象学审视，将"四种关系"放在新技术情境中进行讨论，发现无法用基于物质实体的人-技关系来讨论虚拟现实技术情境中人与技术的关系，而且人-技关系适用于简单技术，对于虚拟现实技术这种复杂结构且在虚拟情境下的人与技术的关系，伊德的关系论述则是不适用的。在虚拟情境下，"四种关系"对于人、技术和世界进行独立分析以及对于知觉的理解固化，缺乏有关技术如何影响人的知觉的具体分析。所以，不能简单地将"四种关系"理论直接套用到虚拟现实场景之中。"三种身体"的分类本身就存在着含混不清的问题。同时，笔者认为伊德对于"三种身体"的论述具有远离现象学的倾向，对于不同层面的划分界限太明显，对于物质与文化的划分有点偏向二元论的起点，更不适用于虚拟现实技术情境，无法套用为虚拟现实技术中的身体特征。

对于虚拟现实技术中的身体，本章从离身性或具身性的特征层面划分，离身性表示虚拟空间中的虚拟身体的呈现，主要表现为虚拟现实技术营造的虚拟空间的科学语言的本质，虚拟身体通过解读科学语言来获得虚拟空间的体验。而在身体与技术交互的过程中，技术通过与知觉的契合使得身体获得知觉经验，表现出具身身体的本质。

第5章 身体对技术的建构作用和存在机制

上一章对技术哲学现象学中身体的概念进行了追溯,结合技术现象学对身体的划分,从人与技术关系中来审视身体的概念意涵。在对伊德的身体分类和人与技术关系中的身体概念进行综合性分析后,结合虚拟现实技术的当下情境,从伊德的三种身体划分的一个侧面(具身性与离身性)来对虚拟现实视域下的身体的特征进行了诠释,从现象学的一个侧面描述了虚拟现实技术视域下的身体的本质特征。

身体与技术的关系到底是如何的呢?虚拟现实技术视域下的身体与技术若不适应伊德的技术现象学对于人与技术四种关系的划分,又呈现着怎样的关系内容和关系特征呢?本章和第6章将从两个方向来讨论,即身体对技术和技术对身体这两个方向。在笔者研究的过程中发现,对两个方向的关系进行推论后可以得出一个回环的结构性关系,这也是对两个方向的关系的综合和升华。本章先从身体对技术的方向入手进行研究。

梅洛-庞蒂晚期的著作中,"侵越"这个概念被构建起来。"侵越"的概念被梅洛-庞蒂用来思考本己身体,后来逐渐用来思考同他者的全部关系,本书则用来讨论身体与技术的关系。梅洛-庞蒂认为,"侵越"表明主体不再是先验的旁观者,世界也参与到整个身体之中,而不是面对着身体,人同世界的关系被视为接触关系,而不是界限关系。"侵越"强调身体不仅是被动的一方,也是融这种被动性与主动性于一体的能触的被触者、能见的可见者、能感知的感知者,身体与技术的互动是相互构建、相互影响的。

伊德的技术现象学思想受到了梅洛-庞蒂的现象学思想的影响,吸取了其中关于知觉现象学的内容,同时,伊德也提出梅洛-庞蒂的现象学忽视了一个很重要的维度——技术,没有明确技术与身体的关系,也没有就关系内容展开论述。梅洛-庞蒂举的手杖的例子,简单地提及技术物成为替代盲人身体感官功能的工具。手杖成了身体的一个附件,是身体综合的一种延伸。① 可以看出,梅洛-庞蒂把手杖看成身体综合的延伸,即技术是身体的延伸。这里梅洛-庞蒂并没有提出技术的背景,而是把手杖的例子放在知觉习惯的背景之下。梅洛-庞蒂并不明确提出技术以及身体与技术关系的研究,而是在论述相关现象学的概念范畴的时候提出具体技术物的例子,因为梅洛-庞蒂的理论中缺少对技术物的明确描述,所以关于梅洛-庞蒂的现象学放在技术背景之下的研究文章也是寥寥无几。

伊德吸取了梅洛-庞蒂的知觉现象学的内涵,却在阐释人与技术四种关系的时候偏向于经验主义的知觉的概念,即把知觉阐释为外在物体对于感官的简单刺激的集合,把知觉直接当成一种已知的结论,而没有去论述知觉的发生过程,以及知觉经验是怎样构建起来的。同时,人与技术四种关系的技术侧重于实体的、物质性的、可触的实在技术物,缩小了技术的范围。所以笔者对于虚拟现实技术视域下的身体与技术的研究是从身体知觉出发,来阐明虚拟现实情境下身体与技术呈现的特征,首先从身体对技术的视角展开论述。

虚拟现实视域下的身体之于技术处于怎样的地位,身体之于人-技关系具有怎样的内在特征是具象的技术新形式对于技术现象学的"呼唤"。技术链的串联基于对身体动觉的捕捉,技术尝试去构建"虚拟身体图式",进而填补交互过程中的身体隐藏导致的数据缺失。基于身体技术与虚拟现实技术具有内在的同构效应,技术设计要以身体知觉为技术原点,建立起一个无限契合身体知觉图式的且能向身体发射共通性符号的结构性技术范式,技术设计主客体的站位是具有可逆性的存在。从身体技术经验到身体设计经验以及身体体验经验的获得,是虚拟现实技术设计者在设计过程中不同视角的经验的体现,统一于技术创新的进程。

---

① 梅洛-庞蒂.知觉现象学 [M].姜志辉,译.北京:商务印书馆,2001:201.

5.1　技术链的构建基于身体动觉捕捉

5.1.1　身体图式的动觉内涵提供了基础性的架构

梅洛-庞蒂认为身体的各个感官的感知不是独立存在的,听觉、视觉、嗅觉和味觉等知觉都是随着一种感觉的触发而连带着其他的感觉。比如桌子出现在视野中,眼睛看远处的物体的时候,近处的物体会呈现两个事物的像,当视线收回,聚焦到眼前的事物时,两个像慢慢归为一个物体的像了。左眼和右眼对于近处事物的单独的像,在视觉聚焦时会变为一个像,经验主义和理智主义都过于片面,视觉的复合与大脑中枢也有着关系,所以视觉的形成不是靠两只眼睛单独看事物的,而是靠两只眼睛的视觉统一来看事物的,复视则说明身体对于事物的关注还没有聚焦。梅洛-庞蒂认为感官间的直觉是具有统一性的,而这种统一性不仅仅体现在两只眼睛对于视觉的复合,还在于视觉、听觉、嗅觉等各种感觉的统一。

感觉的统一存在于我们日常生活的方方面面,梅洛-庞蒂对于自然世界的例子也可以很好地诠释这一点。人对事物的认知不停留在独立的感官感知上,还会对事物的性质获得统一的感应。比如看到鸟儿停在树枝上休憩,听到鸟儿的鸣叫,看到鸟儿飞离树枝时,通过判断树枝抖动的幅度来判断树枝的坚韧度和鸟儿扇翅的力度;比如看到玻璃时,即使没有触摸,也会感知到玻璃光滑的触感和碎掉时清脆的声音;比如听到汽车经过,可以判断出路面泥泞或者平整的特征;比如不看向窗外,在下雨的时候也能通过雨声的大小来判断雨点的大小。生活中方方面面的例子都可以说明知觉是感官感觉的统一,各个感官间不是独立运作的,而是一个全息的统一体,统一于身体,身体的知觉是一种联觉,是各个感官知觉的合集,每一种感官知觉都无法独立存在,每一种感官知觉的发生都伴随着其他感官知觉的发生,而且知觉的获得会形成一个统一的对事物性质的判断,是各个感官知觉共同作用的结果。

梅洛-庞蒂引入了心理学的格式塔理论来解释身体图式的概念。身体是一个格式塔的整体,即各个部分不是简单地联系在一起,不是一部分在另一部分旁边,而是一部分在另一部分之中,是一个统一的整体,而且整体是大于部分之和的。表现为身体图式从来不是身体各个部分的简单排列,而是有机地统一在身体之中,而且身体的知觉功能大于各个感官知觉的综合。格式塔关系没有看到身体的整体运作的结构和身体与世界的关联,没有关注到身体往世界中去的能动性和意向性。所以,梅洛-庞蒂的身体图式的概念,除了包含身体的各个感官的联觉,也包含了身体的能动性和运动的特征。

身体的各个感官不是一部分在另一部分旁边排列于身体中,身体会有一定的空间性,身体空间是空间的基点,我不用测量也能感知鼻子在脸上的位置,即身体具有一种源始性质的空间,是先验的,身体空间的基点出发与世界产生交互。"身体是一个不可分割的浑然的整体,可以通过身体图式的内容获得身体内感官的位置,因为我的全部的肢体都包含在我的身体图式中。"[1]身体空间不是外在的物理空间的理解,相应的运动也不是一个点到另一个点的位移,身体空间是一种先验的源始性与生俱来的身体自身运作的结构框架,运动也是身体的机能,所以身体图式向世界中展开的基础就是身体空间的基点性和身体运动的实现,即身体图式的概念是在运动中的身体与外部空间不断融合的过程中来理解的,是各个感官的联觉。身体活动的转换是现象场一个又一个的转换,下一个现象场同样带有上一个现象场留下的印记,即运动也是身体记忆的动觉的集合,是同一个空间内的知觉的集合,又是按照时间的顺延来不断变化着的和发展着的。身体图式在时间上和空间上都达成了一个动态的联觉的统一,所以,身体图式不仅仅是静止的关于各个感官知觉的集合,也是动态的现象场不断转化的动觉的集合。只有从这两个方面来了解,才能获得对于身体图式的整体的认知。

梅洛-庞蒂在《知觉现象学》中提到了患者施耐德的例子,施耐德是一个在战争中头部中枢受伤的伤员,他可以赶走停留在鼻尖上的苍蝇,而当别人让他确定鼻尖的位置并触摸的时候,他因分辨不出鼻尖的位置而做不到去触摸鼻尖。患者施耐德并没有丧失运动的能力,也没有失去运动的思考和意志,但是却无法将这两种状态结合起来。也就是说,他缺失了现象场,缺失了意向的投射,即身

---

① 梅洛-庞蒂.知觉现象学 [M].姜志辉,译.北京:商务印书馆,2001:135.

体的空间性待命。从身体空间出发探索事物空间,而返回到身体空间时,身体却无法判断出具体感官的位置,这便是身体空间性和意向性结合失败的表现。

经验主义认为知觉是简单感官刺激的外在分离,理智主义认为知觉的合集是大脑思维的结果,这两种极端的观点要么局限于意识,要么局限于感官对知觉的理解,忽视了知觉发生的过程。梅洛-庞蒂运用身体图式的概念,从格式塔身体的整体性出发,将身体看成是整体大于部分之和的知觉统一的全息体,从对于事物性质把握的联觉的生成方式,到现象场变换的运动知觉的体现,从内在的身体图式的结构出发,连接身体运动的空间性特点,共同统一在身体图式的概念中。所以,除了梅洛-庞蒂所举的生活中的例子之外,身体图式在身体获得知觉的动态的和能动的过程中达到对于事物的经验性的认知。

5.1.2　技术链建构的"虚拟身体"之维

上一小节论述了身体图式之于知觉的基础性地位。在虚拟现实技术中,这种技术是基于对身体动觉的捕捉,是在一种动态的交互中才能完成的运动控制理论与空间参考坐标相吻合的技术。[①] 比如,头显里虚拟世界的呈现是以头部的运动来进行视域拓展的,所以说虚拟现实技术是在一种动态的解构中来建构的。如果没有身体的运动,那么虚拟现实技术呈现的只是一个静止的、局域型的画面,身体与技术之间是完全割裂的,是有着明显界限的。身体并不能够对技术的世界产生认知,或者对技术中介的世界产生认知,身体和虚拟现实技术就像两个擦肩而过的客体,没有发生交集。读者可能会有疑问,身体戴上头显后的一刹那,面对局域性的虚拟现实技术呈现的虚拟画面,会产生对虚拟事物的部分认知,这也是一种短暂的交互,这样身体与技术就不存在完全的割裂了。但是,身体戴上头显的一刹那,视觉的投射本身就是运动的一种表现,身体已经实现了运动,所以说运动是虚拟现实技术的基础性特征。

身体图式不是知觉经验的综合,也不是对于身体性的感知,而是一种知觉-运动系统。身体图式的这一系统性包含两方面内容,第一个方面是身体图式表现为一种先验的、前意向性的特征。身体本身具有空间性,身体空间表现出一种基点的特质,即从身体空间出发来衍生虚拟现实的技术空间。身体自有的先

---

① Cuadra C, Wojnicz W, Kozinc Z, et al. Perceptual and motor effects of muscle co-activation in a force production task [J]. Neuroscience,2020,4:437.

验的空间性表现在"举手投足"间,即不自觉的身体活动都是身体图式先验性的表现。比如在虚拟现实空间中,手持手柄来抓取相应的虚拟物体,头部会跟着手部的操作而变换头部的方向,这一系列的身体运动并非身体计算好的,而是一种不自觉的身体习惯。身体源生性的对身体各个部分的操控一气呵成。如果身体图式不是前意向性的,则呈现为脑海里复杂的过程,即第一步做什么、第二步做什么,动作之间也无法配合。身体图式的先验性特征为虚拟现实技术中虚拟空间的展开以及身体与虚拟事物的交互奠定了基础。虚拟现实技术在设计过程中默认了身体图式习惯的身体特征,以一种"心照不宣"的经验模式来设计通用的技术交互过程和形式。对于相对应的脑反应区域受损,即身体图式结构被破坏的、无法统筹身体各个部位动作的病患来说,因其不具有身体图式默认的习惯获得,是无法完成虚拟现实技术交互的。

第二个方面表现为身体给知觉提供附着点的基础性架构。梅洛-庞蒂强调身体向世界中去的趋向性,身体从来不是独立的和分割的个体,身体表现出敞开的特征,使得身体图式本身给知觉经验的积累提供了基础的框架。梅洛-庞蒂表述为拥有一个身体就是拥有一个通用的装置、拥有一个涵盖所有类型的知觉展开的图式。他将身体视为一个开放的结构,各种感官的知觉附着在上面,形成了身体的格式塔体系,这些感官知觉绝不是孤立的存在,而是互相融合在身体图式之中。所以说,虚拟现实技术设计的完成和运作得益于身体图式的奠基性,既呼应了虚拟现实技术对于动觉的需求,同时身体习惯的内在结构形成也为虚拟现实技术提供了交互的基础。

惯性动捕(inertial motion capture)技术属于虚拟现实技术包含的微观技术范畴,克服了虚拟现实技术常有的遮挡问题,使得技术更加贴近真实身体的映射。人体的分层结构是由各个关节组成的运动链,身体的运动就是通过运动链上的关节组合来共同完成一个动作。反向运动学(inverse kinematics)使用运动学方程式来确定满足末端执行器所需位置的关节构型[①],已知末端效应器(end effector)的位置信息推断关节的旋转角度和位置信息。正向运动学(forward kinematics)则是相反的推算路径,即从关节的旋转角度和位置信息来推

---

① Huang J,Fratarcangeli M,Ding Y,et al. Inverse kinematics using dynamic joint parameters:inverse kinematics animation synthesis learnt from sub-divided motion micro-segments [J]. The Visual Computer,2017,33(12):1550.

断末端效应器的位置信息。无论是正向运动学还是反向运动学原理,都映射着技术链对于运动链的呼应,技术节点之间彼此链接的关系隐含着时间性,一个技术节点的触发顺延着另一个技术节点的触发。

正向和反向的运动学对身体的检测路径是不一样的。正向运动学的路径是从对身体组成的运动链上的局部检测,通过导入这些运动的数据信息,计算系统会进行数据处理,达到对身体运动习惯的模型建构。这项技术尝试建立一个身体图式,而尝试建构的虚拟身体图式的本质是运动数据库,用电脑算法代替身体图式的源始性,用技术尝试构建一个无比贴近身体的虚拟身体,是基于身体图式建构的。惯性动捕使用反向运动学的算法,是因为身体的蹲下或者拥抱等动作,可能会对需要监测的身体部分有些遮挡,采取反向运动学,可以弥补机器未监测到的数据空缺。根据主关节或者运动投射物的位置和路径推算出具体关节运动的角度和位置信息,尤其在检测不到一些运动的身体信息时,则运用惯性动捕技术通过对身体数据的采集和分析来推算出这次运动的具体数据和信息。对于身体信息的推算则是基于身体图式,正是有了身体图式的前意向性和身体在运动中不自觉流露出的身体习惯,惯性动捕技术对于虚拟身体的运动捕捉才能还原出整体的和全面的数据信息,再输出为虚拟身体本身的运动形态。在这个过程中,有一个技术系统构建的虚拟身体的身体图式彰显的过程。

身体图式奠定了虚拟现实技术交互过程得以完成的基础,并且虚拟现实技术建立的虚拟身体尝试去构建虚拟身体图式,用数据的算法来形成虚拟身体的"思考",进而填补交互过程中身体肉身部位的隐藏导致的数据缺失。惯性动捕技术只是虚拟现实技术的组成技术形式之一,强调的是对动觉的捕捉,而虚拟现实技术与感官知觉相结合,如眼球追踪技术等与惯性动捕技术对身体图式基础性地位的强调以及对于身体的无限贴近有着相似的特征和表现。

5.2　身体技术与虚拟现实技术具有内在同构效应

5.2.1　虚拟情境中身体技术的含义

技术现象学中技术的概念通常指技术人工物,既包含着整个技术物的宏观概念范畴,也包含具体的某一个技术物。而身体技术的"技术"并不是技术现象学研究的技术物的"技术"的概念范畴,身体技术是指内在于身体的,没有身体就不存在的一种源生的身体特质。

马塞尔·莫斯(Marcel Mauss)认为,身体技术是人们在生活中本来就知道的传统的身体使用方式和过程,同时阐释了身体在一定的文化背景下,通过重复、互动和模仿的形式,随着时间的流逝,将步行、游泳、挖掘等活动带入并组织起来。① 可以看出身体技术包含两方面内容,一方面,身体技术是先验的,是与生俱来的,是身体自身的控制力,是身体的行为行动,是身体空间的内在表达。无论是在静止的状态、运动的状态、自身独处的状态,还是与世界交互的状态,身体技术都是存在着的、内在于身体的、只可意会不可言传的,是每个不同的个体具有的生命体征。梅洛-庞蒂认为,人类存在于世界之中,着眼于身体对世界的适应属性。人类通过接近、抓住和占用自己身体周围的环境而实现自己的意图。② 梅洛-庞蒂是在身体与世界的关系中阐释身体的意图表达是通过对世界的适应,也就是通过身体内在的调整来实现的,梅洛-庞蒂从这一过程来解释身体与世界的关系,同时这种身体的适应也是身体技术的一种表现形式。另一方面,皮埃尔·布迪厄(Pierre Bourdieu)和莫斯认为,人们通过日常生活的活动和经验进行共享和塑造习惯。在技术情境中,身体在知觉经验的积累过程中获得身体习惯,知觉则是在外在技术物的影响之下形成的。纵观人类的历史,人类不断地发明工具、利用工具,对于已发明的工具,身体会将技术经验传递给下一代,下一代在使用工具的时候,在基于本己身体的身体技术基础之上,吸取前人的技术经验,在使用工具的过程中,逐步形成独属于自己的身体技术,这里的身体技术有着被技术改造或者像梅洛-庞蒂所说的适应技术物的过程,但与此同时,技术物又是身体创造的,并可以在使用的过程中看其与身体的适合程度、对身体的延伸程度,以及现实使用中的需要来进行技术调整,所以说,身体对技术物的适应和技术因身体而做出的适应性调整都是同时发生的,是一个过程的两个方面,是密不可分的。

从前文得知,身体技术包含本源的、先验的技术,这一方面的身体技术域和

---

① Nansen B, Wilken R. Techniques of the tactile body: a cultural phenomenology of toddlers and mobile touchscreens [J]. Convergence, 2019, 25(1):60.

② 鲍尔德温. 文化研究导论 [M]. 陶东风,等译. 北京:高等教育出版社,2004:282.

身体图式的精神内核具有内在的一致性,都是指身体与生俱来的一种能力和特质。身体技术的另一方面内容又和外在技术物的产生和发展密不可分。虚拟现实技术作为技术物的一种具象的形式,与传统的技术物有着一定的区别和联系,同时,虚拟现实技术与身体技术的关系又和传统的技术物与身体技术的关系具有一定的区别和联系。虚拟现实技术奠基于身体技术的形成,无论是源始性的身体技术,还是使用技术工具过程中形成的技术体验在身体内积累的身体技术,都是虚拟现实技术的基础,这一点与传统技术物表现出一样的特征。身体与技术工具的使用过程是以身体内在的技术为原始积累的,如果没有身体技术的存在,就不可能与技术物发生交互,而且没有身体技术,从根本上就是一个悖论,因为身体技术是与身体同在,并随着人的阅历的增长,不断拓宽身体技术内容范畴的。

5.2.2　身体技术与虚拟现实技术的内在统一性特征

如果没有身体技术,就没有虚拟现实技术,或者说虚拟现实过程就无法展开。同时,虚拟现实技术又能够拓宽身体技术的内涵的边界,丰富身体技术的内容形式,身体技术与虚拟现实技术是具有内在同构效应的,这两种“技术”互相依存,相互建构,呈现着一体化的趋势,即身体技术融入虚拟现实技术,虚拟现实技术也是身体技术的延伸和增强。梅洛-庞蒂曾经阐释拐杖是人的知觉的延伸,即技术物是处在人的知觉的延伸地位的,同样的,虚拟现实技术也是身体技术的外在的延伸和扩展,是从现实世界中身体的物质性无法跨越时间和空间或者在某些场域里身体无法到达的困境出发的,表现为现实世界的再现或者创造出的超越现实的世界,来使人达到身体无法到达的场域,获得身体前所未有的体验。虚拟现实技术是身体技术的延伸和扩展,身体技术又为虚拟现实技术提供了基础性的技术储备,是虚拟活动得以产生的可能。

虚拟现实技术不同于传统技术物的地方是虚拟现实技术的主体是虚拟的身体,技术交互的过程是虚拟的体验,身体意向的投射不是投射在物质性的技术物上,而是投射在虚拟空间里,那么,在这个过程中身体技术获得的是虚拟的身体技术还是实在的身体技术,或者有没有内化为身体技术都成为探讨点。虚拟空间中,身体与虚拟空间的物不是接触性交互的,身体与虚拟现实技术的设备是实在接触的,比如手柄的持有以及头显的佩戴,或者使用更完备的装备,如数据衣的穿戴和激光扫描系统的跟踪,但最终的沉浸式装置还是身体与虚拟空间的交互体验,身体获得的也是沉浸性的虚拟体验。在这一交互过程中,虚拟现实技术穿戴设备提供了物质性的中介,比传统技术物增添了这一物质性中介,身体与虚拟空间的物的活动同样拓展了身体技术的外延,获得了虚拟的知觉体验。虚拟现实技术与身体技术的这一交互系统比传统的技术物与人的系统具有更为复杂的结构,身体在这一过程中要将手柄的使用方法和具体的控制力度、方向、力回馈的判断等与虚拟空间中物的运动和方向对应起来,是复杂的、多层次的身体技术的获得,这一身体技术是综合地将物质性实体与虚拟物研判相结合的,包括接触的虚拟现实设备的使用、虚拟物的操纵,以及对设备和虚拟物互相联结关系的把握这三个方面的身体技术的获得。比传统的技术物如桌子、眼镜、汽车等的交互中的身体技术层次更多,结构也更复杂。

　　虚拟现实技术现在依然存在的虚拟-现实眩晕,有别于晕动症,这种从虚拟和现实之间转换导致的眩晕,是因为身体不适应在虚拟和现实之间"穿梭",这也表明虚拟现实技术发展还不够成熟。还不够成熟一方面是指这种技术还没有完全使人沉浸在虚拟空间中并忘却真实世界。使用户恍若置身于真实世界是虚拟现实技术发展的目标,是对沉浸感的极致追求,但目前还没有达到这个技术水平,所以,身体会觉得在虚拟和现实中"穿梭"有些不适应。另一方面,说明目前虚拟现实发展具有一定的成就,这是虚拟现实混沌的状态,即身体在虚拟和现实中体验的时候有点分不清虚拟和现实的具体场域,处于一种混沌的、对事物判断似是而非的状态,这在一定程度上表明虚拟现实技术已经具有能够让身体沉浸的功能了。究其根本,从身体出发来思考虚拟-现实眩晕的原因还在于身体技术的内在结构中没有相应的技术,在刚接触这种崭新的虚拟现实技术时,身体技术没有这方面的内容,只有在不断体验的过程中,身体才能积累相应的技术经验,重复的身体技术过程才能成为习惯的方式。[①] 沃尔特·本杰明(Walter Benjamin)认为感觉和知识的自动化体现在可以使人的能力与不断变化的新技术进行互动。身体技术是一个人生存的烙印,是身体对世界的适应,我们采用和适应技术,体现出身体在此过程中与世界互动的能力。

　　梅洛-庞蒂确定了习惯的三层含义:生物习惯、运动习惯和文化习惯。这些

①　Hjorth L, Burgess J, Richardson I. Studying mobile media: cultural technologies, mobile communication, and the iPhone [M]. New York: Routledge, 2012: 136.

习惯对人们与交互技术或适当的新技术之间互动的能力产生了影响。[1] 在人机交互研究的背景下,与界面交互要求一定水平的身体能力,学习身体运动形成身体习惯来作为虚拟空间中的使用定位[2],才能丰富身体技术相应的技术内涵。这里并不是把身体技术的技术具象化为身体技术在虚拟现实技术的内在,因为身体技术没有办法进行分类,它是一个身体不断积累的一个格式塔的整体,类似身体图式的整体性,是一个整体大于部分之和的技术系统。所以说在虚拟现实技术体验之初,没有带有相关身体体验烙印的身体技术在虚拟体验中出现这一不适应性是很正常的,人在技术普及的过程中,会逐渐丰富身体技术。虚拟现实技术在现有的丰富了的身体技术的基础上,依然会使身体出现眩晕,表明技术发展到了一定的阶段,同时依然呈现不成熟的样态。

　　身体技术是一个人生存的烙印,是身体对世界的适应,是在文化视域下孕育的和社会政治经济背景影响下的身体的内在特征,表现为身体技术的获得是受到各个方面包括政治、经济、文化和社会背景影响的,外在的技术物本身也是有着社会等背景的烙印的,这里并不谈文化和社会的因素对身体技术的影响。身体技术的本源性内容为虚拟现实技术的产生和发展奠定了基础,每个人的身体技术则为身体与虚拟现实技术的交互提供了基础。虚拟现实技术不同于传统的物质性技术物可通过接触的体验获得知觉和认知,而是强调放在联结的物中,用联系的方法来积累虚拟现实技术使用中的知觉经验,进而拓展身体技术的外延,丰富身体技术的内涵。所以身体技术与虚拟现实技术具有内在的同构效应,正是因为有着身体技术,才有身体与虚拟现实技术交互的可能,同时身体技术的结构特征又显现出虚拟现实技术发展的程度和高度。

---

①　Merleau-Ponty M. The phenomenology of perception [M]. London: Routledge,1979: 143.

②　Loke L, Robertson T. The lived body in design: mapping the terrain [C]//Proceedings of the 23rd Australian Computer-Human Interaction Conference. 2011: 184.

5.3　技术设计参照于身体

5.3.1　技术设计建构与身体知觉相契合的符号语言

技术现象学派对于知觉的关注甚多。伊德关于人与技术关系的理论也受到了梅洛-庞蒂的知觉现象学的影响,只不过把知觉的概念当成已知的结论,再把概念固化了。本节从梅洛-庞蒂的知觉相关论述出发,考量知觉在技术中的作用和地位。

梅洛-庞蒂的知觉现象学对知觉的阐释是放在人与世界的关系之中的,即关于知觉的理解是关于人与世界关系的理解,是一种多方向、多层次来描述概念的过程。知觉是主体对世界的一种基本经验,知觉总是存在于知觉主体和知觉客体的关系中的,没有其中任何一方,知觉的过程就无法完成。知觉是关于知觉对象的知觉,在技术哲学现象学里,把知觉放在人与技术关系的场域里,则知觉总是关于某技术物的知觉。知觉是在知觉主体与客体的知觉活动中萌生的,既是知觉本身,又是知觉的动态过程。知觉是关于技术物的知觉,是身体意向的投射,是在身体与技术的交互活动中实现的。身体与技术发生联系,依靠身体对技术物的感知,感知的活动进而形成知觉,积累成本己身体所拥有的知觉经验,在这个过程中也是人与世界互相联系的过程。

梅洛-庞蒂并没有给知觉一个非常的明确的定义,不是通过说知觉是什么,而是通过说知觉不是什么来阐释的。梅洛-庞蒂认为知觉不是经验主义和理智主义描述的知觉的概念。梅洛-庞蒂既不同意知觉是简单的外物刺激的合集,也不认为知觉是纯粹的、理性的智性思考,而认为知觉是二者的结合且大于二者孤立的、描述的内容。知觉包含两方面内容,既包括知觉的主体,又包括知觉的材料,但知觉又不能简单地理解为二者的合集,知觉是一个浑然一体的概念,内化于人的身体。梅洛-庞蒂将知觉置于首要性的地位,看重知觉在身体中的地位以及知觉对于身体与世界之间关系的地位。"首要地位"是强调知觉的基础地位,是构建内容框架的基本单位。对于知觉的阐释要先于相关领域对其概念的研究,如文化领域和科学领域的研究。① 知觉对技术亦是如此,首先,知觉是身体的知觉;其次,知觉是身体与技术交互的重要的联结,而又不仅仅是联结。正是因为有了知觉,身体才能有与技术交互的可能,而且身体才能在与技术交互的过程中产生知觉经验的积累,进而丰富自己的身体图式。

身体知觉是具有整体性的。身体的知觉不是各个感官知觉的简单相加,而是整体大于部分之和的。梅洛-庞蒂这里引用了心理学中格式塔的理论,即知觉是具有格式塔结构的,不是各个感官分离开来再重新组合的,是一个感观知觉的整体,而且整体的功能大于部分的简单相加。知觉的这一结构也是对理性主义和经验主义中知觉概念的否定和重塑。比如说我们看到了玻璃,产生了视觉的效应,摸到了它冰凉的触感,但是身体知觉的获得绝不仅仅是视觉上的图像和触觉上的冰凉,还包括尽管玻璃并没有碎掉却仿佛听见它碎掉的、清脆的声音,还有灰尘与玻璃截然不同的触感等知觉,这是身体对于事物的整体感知,将视觉、听觉和触觉等感官知觉相结合。知觉通过身体的存在而凸显在客体之前,世界中的事物具有自身的位置,对知觉的破译则是将其放置在与世界相匹配的感知境遇之中进行的。② 知觉的格式塔的结构性还体现在知觉是一个背景的层面,知觉既可以是背景本身,同时知觉的活动是在一定的背景中发生的,即背景-图形结构。知觉不像理智主义描述的那样是一种纯粹的判断,但并不是说知觉没有思考的成分,知觉是基于实践的,强调知觉一定是发生在一定的背景中的,所以从这个层面来讲,认为知觉仅仅是纯粹的判断则没有把知觉放在背景中来看待。图形-背景结构是说知觉不是颅内思考,知觉的发生一定是在身体与世界的活动中的。身体获得对于虚拟现实技术的知觉而言是在身体与虚拟现实技术设备交互的过程中产生的,脱离了身体或者脱离了虚拟现实技术,都无法获得知觉产生的条件。知觉场的概念也说明了知觉发生的场域性,任何身体都不是一个孤立的点,而是点-介域的结构,是在身体的运动中来获得身体知觉的,而整个系统被称为现象场。这也说明技术哲学现象学具有后现象学的特征,加入了实践哲学的观点,更看重实实在在的物,看重在这个实践的现象场中身体知觉的特点以及身体与技术的关系。

知觉的现象场中,主角的主体与客体之间的关系是互相渗透和交融的。后

---

① 季晓峰. 论梅洛-庞蒂的"知觉"概念对意识哲学的消解 [D]. 上海:华东师范大学,2006:16.

② 梅洛-庞蒂. 知觉的首要地位及其哲学结论 [M]. 王东亮,译. 北京:三联书店,2002:74.

现象学对于知觉主体的阐释是投身于与技术交互的实践场中的身体,这一身体是能动的身体、往世界中去的身体以及运动的身体,身体在与技术交互的实践活动中奠基着身体图式的内在含义,在交互的过程中获得知觉经验。现象身体可以表达投射身体的意向,诉说身体语言来与技术产生互动。身体与技术的现象场中,身体是集主动性与被动性于一体的,身体在使用技术物的时候,技术也在"看"人,也在向身体表达着自身,表现为一种身体的可逆性,这也是梅洛-庞蒂关于"侵越"概念的内涵的一个侧面。

身体与技术交互的过程也是内在性与超越性的统一。内在性是技术物可以被身体主体把"我"的部分,表现为一种"为我",即技术物呈献给身体的部分,身体很容易获得关于这部分技术物的知觉,而超越性是指技术物无法被身体主体认识到的部分,表现知觉物超越了身体认知范畴的部分内容,它始终具有一种超脱"我"的目光把握的自在性。前文也提到,内在性是人与世界和谐关系的呈现,超越性则是人与世界关系中冲突的一面。把世界的范围局限到虚拟现实技术场域中,其内在性的一面是这种具象的技术物表现为一种可以被身体知觉的部分内容,身体与技术处于一种和谐的状态中,而超越性则是身体无法知觉到或者暂时无法知觉到的技术物的那部分内容,内在性与超越性的统一体现在身体对技术可以把握的部分内容,但同时技术也存在着超出人使用和认知范畴的内容。换个角度来说,身体通过技术物来感知世界,内在性的一面表明技术物可以延伸和拓展到的那部分世界,这在某种程度上已经缩小了没有通过技术物来衍生和扩展的世界本身的部分,技术延伸了人的知觉的范畴。超越性的一面依然是身体通过技术物无法掌控到的世界的"神秘角落"。所以在这个角度上来说,技术扩展了身体的部分知觉,使得世界内在性的一面越来越凸显出来,超越性的一面渐渐弱化下来,但与此同时依然存在技术物无法解释的有关世界的部分内容,身体对世界的知觉依然是内在性与超越性的统一。

身体知觉为技术建构的知觉奠基,分为源生知觉和技术建构知觉。对技术建构知觉的研究又分为两个维度,一个是技术设计过程中对知觉的分析,另一个是技术使用过程中对知觉与技术关系的分析。在身体使用技术的动态过程中,先有身体源生知觉,再有技术建构知觉。在身体建构知觉的新模式中,技术不再是外在于身体的接触性的关系,而是一种无限贴合的增强人机黏性的关系。

　　身体知觉分为源生知觉和技术建构知觉,技术建构知觉又分为当前情境的具象技术建构的知觉和其他技术建构的知觉。源生知觉是身体与生俱来的知觉,比如婴儿在刚出生的时候,没有与外界世界的知觉活动积累的身体知觉经验,但依然会因为外界的声音过大而产生反应以及受到外力的拍打而哭出来,这是婴儿对于疼痛的知觉,是与生俱来的、源生的知觉。随着身体往世界中去,身体通过发明技术工具来拓展身体的知觉并与世界进行交互,身体知觉的不断积累丰富了身体使用技术工具的身体图式的内涵,进而使知觉经验不断积累,技术工具的本质又是受到身体、社会和经济等因素的需求催生的,进而身体知觉也打上了相关影响因素的烙印,技术工具的使用逐渐延伸了身体知觉的内涵范畴,知觉也不单单是前意向的知觉,而是受到社会、经济和政治等影响的知觉内容的图式。技术建构的身体知觉在遇到新技术形式的时候,身体沉浸在新的知觉场中,在与虚拟现实技术构建的虚拟空间中,身体秉持着已有的源生知觉和技术建构知觉的不自觉流露,调动身体的感官知觉对虚拟事物产生整体性的虚拟知觉的构建,身体知觉与技术知觉从陌生到契合,身体不断向技术靠近,进而形成新的具象技术的知觉图式。

5.3.2　技术设计主客体的站位是具有可逆性的存在

　　身体对于源生知觉的秉持以及带有技术建构知觉的烙印的显现,都是技术交互形成的条件和基础。这就要求技术设计要和源生知觉以及已有的技术建构的知觉图式进行契合,这样才能在虚拟现实技术这种具象的技术形式与身体产生交互时能够与身体已有知觉进行结合,知觉趋向技术并敞开来,知觉场内新事物与旧事物的交互融合建立了新的技术建构的知觉形式。具象的新技术对源生的身体知觉的展开,为身体已有知觉定制"符号",即身体与技术交流的科学语言,这种形式化语言在特定的逻辑或数学规则的基础上,通过一系列无直观意义的符号、代码来表述思想。[①] 技术根据身体已有的知觉形式的内容特征进行思考和设计,创造出无限贴合身体知觉的科学语言来,这种科学语言又在瞬间转化为与身体契合的符号,身体接收到这个符号后又给予相应的反应,从而建立起身体与技术之间的联系和交流的通道,所以,技术设计要建立起具

---

① 殷杰.科学语言的形成、特征和意义 [J].自然辩证法研究,2007(2):13.

象的技术现象场,并在此之前就已经设计好与身体已有知觉沟通的知觉符号,这样身体知觉才能在新技术建构的现象场中不断地拓宽身体知觉的内容,从而与技术产生交互。在这个过程中,身体已有知觉以一种开放的姿态面向虚拟现实技术,当然这是在虚拟现实技术的设计已经契合身体知觉的前提下,技术也以一种开放的姿态与身体进行知觉的表达,这种身体知觉与技术之间是一种"侵越"的联系,与梅洛-庞蒂的"侵越"概念的内涵是具有一致性的。

身体以知觉的形式来表达,技术设计以身体知觉为参照并试图和身体进行沟通交流,二者都有一种向对方展示的可逆性。在身体知觉与技术建构知觉的契合过程中,技术的内部算法将身体知觉的反应,即身体意向行为投射的内容转化为电信号,输入计算机,再通过算法输出为相应的身体感官知觉可以读懂的图像、声音和画面等,身体在某种程度上再一次看到了"自己"刚刚投射的意向性的运动动作。这种身体的可逆性是梅洛-庞蒂一开始用来形容本己身体的"侵越"概念,后来用来形容与世界的可逆性关系,表现为身体往世界中去,同时世界也将自身展开来给身体"看",身体才有了解世界的可能。这里同样适用于身体与具象的虚拟现实技术的现象场,表现为身体知觉与技术的符号性的沟通,身体看到技术的同时也看到了自己,身体与技术之间建立起一个环形的结构。当然,这是在虚拟现实技术使得身体沉浸在技术构建的虚拟空间里的情况下。沉浸性是虚拟现实技术的特征之一,可使身体相信自己是处在真实世界之中的,所以,这就要求虚拟现实技术的设计要以身体知觉为技术原点,从身体知觉出发,建立起一个无限契合身体知觉图式,并且能向身体发射共通性符号的结构性技术范式,这是虚拟现实技术设计的指导性方向和目标。而当下的晕动症、头显过重等技术问题也是因为技术设计没有和身体知觉完全契合。所以,技术设计在某种程度上就相当于模仿身体器官和身体运作的原理。

前文分析了技术设计中的身体主体性思维,即从身体知觉出发,将技术放在一个身体-主体性的地位来进行思考和互动。那么,我们也要将技术放在客体的位置上来进行思考和分析,因为技术的考量方式是在技术使用的过程中对技术进行评测,在虚拟现实技术使用过程中的用户身体的感知则尤为重要,这就要求技术设计具有身体-客体的维度,并从与身体知觉进行契合的角度来设计,比如对眼球的运动信号的捕捉、手指的力度对于操纵指令的掌控等,包括前文提到的惯性动捕对身体运动数据的捕捉和预测,这是作为身体知觉客体对象的角度来与身体进行契合。这里的主体与客体分别是针对身体与技术交互过程中的相对主体和相对客体,身体与技术其实都是主客体的统一,在此是以技术设计为出发点来阐释技术设计过程中的身体主客体的位置,是一种具体技术动作指令环境之下的相对区分。在整个虚拟现实技术与身体的交互过程中,身体与技术都是主客体的统一,是具有可逆性的存在。

5.4　技术经验来源于身体实践

5.4.1　实践背景下的技术经验

伊德对人类知觉进行了分类,分为宏观知觉和微观知觉。微观知觉是指通常意义上的感官知觉,比如触觉、嗅觉、味觉等。宏观知觉指的是文化背景下的知觉,即强调知觉的文化的维度,是知觉在形成过程中受到文化因素影响的部分内容。我们可以将知觉的宏观和微观理解为知觉的两个不同维度,二者其实没有办法完全分开来进行分类,因为感官知觉受文化因素的影响没有办法把两个方面的知觉剥离开来,所以在这里是浑然一体的,将其看成知觉是感官的知觉,与此同时是有着一定文化烙印的,是受实践生活影响的,即宏观知觉和微观知觉是统一的,是人类知觉活动的两个重要因素。梅洛-庞蒂的知觉现象学内容受到了胡塞尔的知觉理论的影响。胡塞尔的知觉理论中将微观知觉视为生活世界的常态的知觉意义,将微观知觉置于基础性的地位。实践-知觉模型在20世纪初的现象学运动中不断发展起来,受海德格尔的存在主义的影响,梅洛-庞蒂认为生活世界的基础是日常经验。[①] 梅洛-庞蒂对于知觉的描述是放在身体-世界的关系中来阐释的,而不是胡塞尔对于纯粹意识的分析。梅洛-庞蒂强调在自我-世界的实践中,知觉为客观现实的体现和对于物的占有,是身体的知觉经验的具体化和明晰化的体现,身体的理论也就是知觉的理论,强调在知觉-实践模型中身体经验的主动特征。

人们对微观知觉的关注,对生活世界的知觉的重视是基于实践的特征的,

---

① 曹继东. 伊德技术哲学解析 [M]. 沈阳:东北大学出版社,2013:58.

梅洛-庞蒂认为生活世界的知觉的觉醒与知觉的多层次结构和复杂性是密不可分的,身体知觉是从生活世界中产生的,离不开对世界关系的分析。前文也提到了梅洛-庞蒂对身体的可逆性的描述,其实身体的可逆性也体现了知觉-实践的本性。身体的可逆性强调身体既是主体又是客体,当身体在与世界交互的过程中,身体处于主体的地位,才能看到世界、理解世界,获得对世界的知觉经验。同时,世界也是敞开的,身体只有在与世界交互的共同体系中才能看到世界,世界也知觉到了身体,这是身体为客体的体现。身体以一种图式向世界展开,世界也以一种结构性的特征向身体展开,身体与世界是互相融合的,身体表现为一种在世界中存在的特性,所以,身体是具有可逆性的,这种可逆性凸显了知觉-实践的结构特征。

关于梅洛-庞蒂对于知觉的图形-背景的强调,即是把知觉放在一个现象场域中来探讨。而现象场域不是单独存在的,现象场域也不是颅内的纯粹意识,现象场域是身体参与的,是在世界中互动的系统性的场域,场域是一个整体性的概念,不是场域各个部分的简单相加,而是一个浑然的整体,包裹着现象场域内的一切。对于现象场域,其本质也是要复归到实践的特性上来,没有实践就没有现象场域,而且没有身体的参与,现象场域同样不存在。所以,知觉活动体现为一种运动。在一种与世界双向的体验活动之中,身体对于现象场域的定位具有基点的作用。同样的,身体在技术场景中也是必须在场的,没有身体,也就没有技术的现象场域以及技术经验的形成和技术客体的改变,身体就会成为具有情境表达和任务的现象身体了。运动的概念与习惯的概念是密不可分的,当身体处在实践的现象场域中不断地知觉着,会不断地丰富身体习惯的内涵。对于人帽子上的羽毛,人可以不通过视觉的观看而可以触摸到帽子上的羽毛,这体现了身体对于运动的把握,是由身体空间为基点出发的在生活世界中的对帽子位置的身体习惯的外显,呈现为一种不断积累生活世界中经验的常态。因为实践-知觉模型在科学哲学与技术哲学中都有着比较多的关注,这里主要是结合技术的场景来分析一般意义上的实践-知觉的结构,并不讨论科学与技术的关系,而只关注于知觉以及主要是对实践-知觉核心方法论的应用与思考。

5.4.2 技术创新时代的身体复归

技术哲学的经验转向,要求技术哲学从形而上的理论的研究转向从现实生活的技术现象出发来讨论具体技术,在虚拟现实技术这种具象的技术形式中,则关注技术设计与技术体验中身体的契合问题,以及设计的经验建构和技术问题出现的认识问题。"经验转向"是哲学家们从抽象的、概而论之的"技术"的概念转向生活中具象的技术范畴,以及这种具象的技术通过对人们生活方式的影响如何改变人们的思想方式以及实践行为的[①],强调对于现实生活的关注和对具体技术现象的研究。从宏观的层面,技术哲学经历了经验的转向过程,这里的经验更多关注的是经验的、微观的、现实的和具体的现象的层面,强调切身体验和在场,海德格尔的经验也关注这个维度,即对生活的感性层面体验的积累和经历,诠释了经验内部的一个维度。

这里提出的技术经验,在技术哲学现象学中并没有明确的提法,更多的是关于技术现象学经验转向的论述,本书尝试从技术活动的过程来对技术经验进行划分。技术经验存在于技术设计者的设计活动中,即技术设计者在创新的过程中对相关领域技术经验的积累和使用,还有一个层面是技术的使用者在与技术发生交互活动的过程中积累的身体经验,所以技术经验在技术活动过程中两个方向的站位,也可以说是主体和客体划分的技术设计经验和身体技术经验两个方面。身体技术经验在本质上和身体技术具有一定的相似性,身体技术分为身体与生俱来的源生的图式和技术构建的身体图式,强调身体在虚拟空间的活动增加了身体图式的内涵,拓宽了现象场的边界,进而使得身体在这一过程中不断积累对于虚拟技术使用的经验,使身体技术不断地被建立起来,并在虚拟活动的过程中不断增加技术的内容。所以说,身体技术强调对虚拟现实技术的使用和把控,以及对身体图式和身体结构的改变。而身体经验是身体在使用技术过程中不断积累的且内化于身体的知识和认识的经验内容,可以是对于技术的操控和把握,也可以是技术交互过程中的心得、体会、技巧和令人失望的那部分内容,它们都属于身体技术经验的范畴,这里的身体技术经验包含了经验的感性维度,是理性和感性维度的结合。

这里的身体经验包含可复制的显性经验的部分内容以及不可复制的、只可意会的隐性的身体经验。这里两种身体经验的结合可以和技术设计经验结合起来。技术设计的经验是站在技术创新者本位的,技术设计者在创新和完善技

① Pitt J C. New directions in the philosophy of technology [C]. Dordrecht:Kluwei Academic Publishers,1995:95.

术的过程中不能只关注于科技的制造,还应回归身体经验,关注于契合技术设计和身体经验的模式的建构。这要求技术设计者具有一定的技术设计经验和技术体验经验,只有通过切身体验虚拟现实技术的沉浸效果,才能察觉出技术设计的漏洞,以及技术没有与人的知觉结合紧密的地方,才能积累技术经验以及发挥出技术经验的功能,以便给后来的设计者以传授和指引。技术设计经验以技术体验经验为基础,技术体验经验的获得即身体参与的身体经验的获得,只有在这个过程中,设计者才能把实践建构的知觉经验融合到技术设计的过程中,进而达到与身体更加贴合的设计。

从身体技术经验到身体设计经验以及身体体验经验的获得,是虚拟现实技术设计者在设计过程中不同视角的经验的体现,统一于技术创新的进程,技术经验的创新离不开身体,要求身体必须在场。现在依然很令设计者头痛的普遍存在的晕动症,是声音立体层次不足而导致声音和方位方向的延迟对应让受众的听觉和视觉分离,进而让受众在虚拟情境中依然保持对虚拟情境的清醒认知,而无法完全沉浸其中。这些技术现存的弊端是由于技术设计经验对身体经验的捕捉不够全面和完善,技术设计过程中没有对身体的运作原理和内部结构进行更为详尽的分析,在一定程度上也是因为科学家对于身体的探秘依然是内在性和超越性的统一,依然存在着一些无法解释的身体现象,所以这方面的技术经验设计的图式就会变为相应身体体验的空白。虚拟现实技术对身体运动习惯的捕捉在前文已有提到,可以通过对身体运动数据的测验进而构建身体运动惯性的模型,以便对身体某些动作的隐藏部分进行预测,进而达到对身体经验的模拟。现阶段的虚拟现实技术与人工智能以及大数据相结合,在技术使用的过程中可以增强交互性、沉浸感,同时站在技术经验的角度上,大数据对身体经验的关注也可以通过对身体知觉模型进行建构、解构,以及在建构的过程中不断调试和完善,试图构建一个对于身体经验的记录,通过人工智能的加持,在和身体进行交互的情况下,对身体知觉的反馈进行一定预测。所以说,大数据和人工智能等新技术加持虚拟现实技术,是将技术设计追溯到身体知觉的源头以及身体运动过程的体验的表现,将这些数据建立模型进行分析,通过算法达到对身体意向投射的预测以及技术经验与身体经验的契合。所以说,技术设计的过程以及技术经验的获得必须要求身体的在场,这样才能使技术与身体的交互活动更加自然,沉浸感更强,身体才能获得基于真实或者超越真实的知觉体验。

本 章 小 结

　　本章从身体本位出发探讨虚拟现实技术情境下的身体对技术的建构作用和存在机制,结合具体的惯性动捕技术的例子来阐释技术链的构建是基于身体动觉的捕捉。技术尝试构建虚拟身体,计算机用数据的算法来形成虚拟身体的"思考",通过监测来形成身体运动数据库,建立惯性模型,填补交互过程中因身体隐藏导致的数据缺失。在这一过程中,身体技术的复杂性和多层次性便体现出来,技术与身体的交互系统比传统的技术物与人的交互系统具有更为复杂的结构,这一身体技术要综合地把控物质性实体与虚拟物相结合的操作系统,包括接触的虚拟现实设备的使用、非接触的虚拟物的操纵,以及设备和虚拟物互相联结的关系的把握这三个方面。身体技术与虚拟现实技术具有内在的同构效应,正是因为有身体技术,才有身体与虚拟现实技术交互的可能。

　　身体知觉的基础性地位决定了技术创新要结合技术设计过程和技术使用过程两个维度,在此基础上建立起一个无限契合身体知觉图式的并且能向身体发射共通性符号的结构性的技术范式。身体以知觉的形式来表达,技术设计以身体知觉为参照并试图通过知觉的表达来和身体进行沟通交流,二者都有一种向对方展开的可逆性。身体知觉与技术建构知觉在契合的过程中,技术的内部算法将身体知觉的反应转化为电信号再输出、再转化,身体在某种程度上再一次看到了"自己"刚刚投射的意向性的运动,这种身体的可逆性阐释了"侵越"的概念内核,说明技术设计主客体的站位是具有可逆性的。从身体技术经验到身体设计经验以及身体体验经验的获得,是虚拟现实技术设计者在设计过程中不同视角的经验的体现,统一于技术创新的进程,技术经验的创新离不开身体,要求身体必须在场。

第6章 技术对身体的特殊作用和"侵越"关系

身体在与虚拟现实技术交互的过程中以及技术设计创新的过程中具有十分重要的地位,身体图式提供了技术交互的基础,身体空间也是虚拟现实空间拓展的基点,技术设计要考量知觉经验以及技术经验。前文分析了在身体与技术关系中的身体之维,那么,技术对于身体而言处于怎样的地位呢? 在身体与技术交互的过程中,技术会给身体带来怎样的变化? 技术对身体的知觉结构会有怎样的建构性内容呢? 复杂技术的知觉结构和一般技术的知觉结构存在怎样的相似与不同之处? 同时,虚拟空间里的身体在一种空间互动的动态过程中对身体图式内涵的变化具有怎样的推动作用? 以及技术身体最终如何形成? 身体的文化维度的含义是什么? 技术到底是怎样对身体产生了影响? 现象身体的图式发生了怎样的改变? 身体在技术新形式下呈现怎样的趋向? 本章会逐一进行详细讨论。

6.1 技术调节身体的知觉内容

6.1.1 技术对于身体的感觉和知觉维度的特殊作用

关于技术与身体维度,笔者将从技术对身体产生了怎样具体的影响入手来展开研究。知觉之于人处于首要性地位,是连接身体与技术的重要中介,或者说知觉具有中介性的功能,但究其本质,知觉与身体是不可分割的,没有身体便没有知觉,身体一定是知觉着的身体。身体知觉居于首要性的地位,那么,在身体与技术的交互活动中,技术设计与知觉相契合,这是为了在交互的现象场中改变知觉,使身体知觉获得一种真实感和沉浸感。这是技术交互活动发生的前提,技术对于知觉的影响也发生在技术交互活动的过程中。

　　具体来看技术对于知觉的内容以及结构的影响。梅洛-庞蒂关于拐杖的例子阐述了拐杖对人的知觉的延伸,并没有就技术给知觉带来怎样的影响展开具体的讨论。伊德继承了梅洛-庞蒂的知觉现象学的相关内容,论述了知觉活动中技术的本质特征,技术表现出放大-缩小的结构特征,这一特征便是人类-技术的本质特征。[①] 技术在放大人的某一部分的知觉感受和知觉体验时,同时伴随着另一部分的知觉感受和体验的弱化。身体的知觉追溯到源头可以划分为源生的知觉和技术建构的知觉,从知觉的具体内容来看,可以划分为直接知觉和居间调节知觉,伊德将身体不通过任何工具调节而产生的知觉称为直接知觉,相应的,居间调节知觉则是在技术中介调节基础上形成的知觉。技术放大的那一部分知觉和缩小的那一部分知觉的内容是截然不同的,技术对于一部分知觉的放大一定伴随着另一部分知觉的缩小。从身体出发来看,身体通过技术获得的对知觉事物的认知放大了知觉事物某一方面的特征,是身体知觉的选择,同时另一方面不那么明显的特征或者是完全没有呈现的特征则被身体忽略了,这是身体对知觉事物的选择。技术将搜集的信息传递给身体,同时又改变了身体知觉的经验,这两个方面的内容是统一于身体与技术交互的过程中的。从技术出发来看,技术对于物体的宏观和微观特征的呈现也是有选择性的,技术选择了某方面的特征向身体知觉展开来,同时收缩了另一部分的特征,技术是主动或者是被动对事物的特征做出选择,主动地选择表现为另一方面事物的特征没那么重要,不用呈现给知觉身体,被动地选择则表现为技术没有办法将这两方面的特征融为一体并同时通过技术来呈现给现象身体,无论是主动的还是被动的技术选择,都呈现出一种技术放大-缩小的结构特征。

　　技术的放大-缩小结构不仅仅是对某一个具体的直接知觉和居间调节知觉的改变而言的,在虚拟现实技术视域下,也可以将其对某一个现象场内的知觉经验看成一个整体,这个知觉经验的整体是直接经验和居间调节经验的统一,

　　① Ihde D. Philosophy of technology: an introduction [M]. New York: Paragon House,1993:51.

而缩小的那一部分内容是另一个现象场内的知觉经验的整体,这一部分知觉经验也是直接知觉和居间调节知觉的统一。在虚拟现实技术中,技术的放大-缩小结构体现在不同的目的和主体的技术的具体现象场中。在虚拟现实实验室的体验过程中,人的身体通过佩戴头显和数据手套进入虚拟实验室中,可以将日常生活中具有很大危险性或者不容易获得实验材料的实验付诸实践,人可以体验实验过程并获得实验结果。在这一虚拟体验中,身体获得了前所未有的实验知识和知觉经验。但是,人没有办法闻到这种实验物品的味道,感受实验物品真实的质地以及在现实生活中通过实验工具获得的视觉、听觉、触觉和嗅觉等知觉相结合的经验。这里的虚拟现实技术实验室的体验拓展了身体知觉内容的外延,同时对于现实生活中可以获得的知觉经验又呈现一种缩小了的结构。比如在虚拟现实实验室使用实验工具的知觉经验区别于现实世界使用实验工具的知觉,而这两种知觉经验都是直接知觉和居间调节知觉的统一。

以上在一定程度上说明了虚拟现实技术这一技术形式下的身体知觉结构呈现出一种复杂的特征,不再局限于将伊德的直接知觉和居间调节知觉进行简单的统一以及"此消彼长"的技术调节结构特征,而呈现为以一个现象场内的知觉经验的整体为单位,与另一个现象场内的知觉经验的关系,而每一个现象场内的知觉经验都表现为直接知觉和居间调节知觉的统一。在技术活动的过程中,具体的直接知觉和居间调节知觉呈现为一种不定性的放大或者缩小的结构特征。如果用技术的放大-缩小结构单一地套用在虚拟现实技术情境中则会表现出一定的不适应性,虚拟现实技术对于身体的感觉和知觉维度的调节,是一个以知觉现象场整体为单位的复杂过程。技术的放大与缩小的特征是知觉活动中一个细微的感知层面。

6.1.2　技术透明性对身体知觉的具身化阐释

技术在发展和使用的过程中追求一种透明性。人在使用技术的过程中忽视了技术的存在,技术就好像变成透明的了,没有被身体所察觉,呈现为一种无法感知到的存在。伊德的具身关系是指身体在使用技术的过程中,技术表现为一种退身而去的方式,身体忘记了技术物的存在,这是对技术透明性的追求。比如伊德关于眼镜的例子,人透过眼镜看世界进而忘记眼镜的存在,这是一种人与技术的具身关系。眼镜这一技术物在设计过程中也是追求透明化的存在,追求更加轻便和透视度更高以及更加逼真的效果等。对于技术透明性的追求表现在各种技术物的设计和使用过程中,虚拟现实技术也是对技术具有一定的透明性的追求的,设计者试图让头显变得更加轻便,让画面模拟更加逼真,使沉浸感增强,让身体在虚拟空间中的真实感越来越强,这是技术想要追求的一种透明的趋向性。

无论是虚拟现实技术这种虚实结合的技术新形式,还是一般性的传统技术物(如眼镜和窗户等),都有一种追求技术透明性的趋向性。如果实现了完全意义上的技术透明,那么技术就会成为具身的存在,就是"作为身体的我"借助于技术手段与环境相互作用的各种方式。[①] 技术调节知觉完全变成了身体本身具有的知觉。技术的具身强调身体与技术融为一体,技术内化为身体内的部分,身体与世界的交互完全依赖于身体知觉本身,这是一种完全透明性的理想状态下的身体与技术的交互。在这个过程中,人与技术的关系消亡了,而另一方面,技术设计者又希望技术可以延伸人的知觉,这两者之间便存在一种悖论。技术如果可以独立于人而存在,就不能丧失物质性的外壳,而对于透明性的极致的追求使得技术的物质性外壳消失了,即身体能感知到的技术存在的位置和可触摸的外在的形式,技术内化为身体的一部分,技术变成了透明的而丧失了物质性存在的基础。

技术对人的知觉的延伸和拓展是具有方向性的,即技术是贴合身体知觉的结构来设计并试图拓展身体某一方面的知觉或者拓展知觉经验某一个层面的内容的,带有一定的方向性和目的性。技术在身体获得知觉经验拓展的同时变成了透明性的存在,身体把技术涵盖在自己的身体图式里面,技术的物质性消失了,这种无形的调节作用内化为身体的一部分,使得某一部分的知觉功能变得强大,对于那一部分知觉内容的极致放大影响了知觉结构的整体性特征,而这又是身体知觉本身所具有的特征。技术的目的性和方向性因为技术的透明性而成为身体本源知觉的结构特征,使得身体知觉结构发生了失衡,突出了某一方面的知觉内容,在一定程度上忽视了身体知觉的整体性。单一的工具使用,使得关于外在物的统一感知不再实在了。仿佛只有被锐化的某种单一知觉才是实在的。[②] 这是对技术极致的透明的追求给身体知觉带来的变化。

---

① 伊德. 技艺现象学 [M]//吴国盛. 技术哲学经典读本. 上海:上海交通大学出版社,2008:373-374.
② 张正清. 用知觉去解决技术问题:伊德的技术现象学进路 [J]. 自然辩证法通讯,2014,36(2):90.

技术完全的透明,技术活动是身体意向的投射,技术作为独立于人的外在的事物是具有意向性的特征的,技术是附着着方向性和目的性的。当然,技术只有在使用的过程中才能凸显其自身的意向性,没有身体的参与,技术就没有办法与身体的知觉相结合,也就没有办法呈现出自身的意义。而技术的透明性表明技术不能独立存在,技术的意向性被身体覆盖了,可以表现为身体与技术交互活动中身体的意向性的凸显,而这又存在一定的悖论。事物的意向性不能被人的意向性所代替,身体对于技术的掌握也只是对于某一个功能层面的掌握,而不能将其阐释为身体源生的知觉图式。事物是内在性与超越性的统一,技术无论是扮演着知觉的中介还是知觉直接改造的对象,都无法呈现出世界全部的本质和特征,也无法显露出自身所有的本质和特征,都是内在性和超越性的统一,都是一种在"为我"和神秘性之间摇摆的、外在的事物的形式。在技术完全透明化为身体一部分的时候,如果某一个技术构造的知觉内容出现了偏差,或者身体知觉出现了与现实相悖的地方,那么由于技术的透明性,是无法判断出是技术出了问题还是身体出了问题。知觉呈现为一个整体,而不是简单的部分内容的集合。这里并不是对技术创新者们追求技术呈现透明化的形式持反对意见,只是针对透明性对身体知觉的改变作一个客观的阐释。当然,技术设计越来越追求透明性,身体与技术的交互程度才能加深,内容才能变得更加丰富。同时在这一过程中,极致的透明对身体知觉带来的变化也不容忽视,因为技术透明性带来的问题进而引发的伦理思考超出了笔者的研究范畴,所以这种知觉变化价值论的判断在本书中暂不讨论。

同样的,虚拟现实技术作为技术的具象形式之一,呈现出对技术透明性的追求,也在一定程度上与前文论述的技术对身体知觉的影响具有相似的特征。对虚拟现实技术透明性的追求更多地体现在两个方面:第一个方面为外在的物质性工具的透明性,即头显重量的减轻、手柄触感的真实等这些外在的与身体接触的技术物要达到减少附加给人的负担和隔阂的效果;第二个方面即是虚拟空间里像素分辨率的提高和刷新率的提高,以及画面清晰度的提高等使得身体沉浸感更强的表现形式。这两个层面对透明性的追求是想要使得技术更加适合身体,技术的设计以知觉为内容基础,更加贴近于知觉,使身体能够沉浸并且在沉浸的虚拟空间里可以获得相应的知觉体验,这一技术透明性的趋向性可以使得身体的真实感更强,进而更好地进行身体与技术的交互活动。而对技术透明性的极致追求,比如技术完全透明化,即身体不知道自己是处在虚拟空间中,身体感知不到虚拟现实技术物的手柄的存在和输入输出系统的运行过程,而是完全地沉浸其中,仿佛身体是处在真实世界之中的。那么,人与虚拟物的交互如果在某一帧画面上有了区别,就会对自身的知觉展开怀疑,也不知到底是身体知觉发生了错位还是技术建构知觉发生了错位,因为技术完全透明会使身体感知不到技术的存在,表现为完全地沉浸在虚拟世界之中,人对于虚拟物体深信不疑而无法做出判决。虚拟空间则是技术的产物,是技术建构出来的对于真实世界的模拟或者超越真实世界的显现,而身体不具有这种判断的能力。当然,这是对于理想化的、完全的技术透明性的情境进行的推测,现阶段对技术透明性的追求看重物质性外在对真实世界的模拟以及对虚拟空间事物真实度的呈现,从而使身体具有更好的沉浸感,这一直都是虚拟现实技术追求的目标之一。

6.2　技术构建身体知觉结构

6.2.1　技术经验的积累促进现象习惯的获得

身体知觉分为源生的身体知觉和技术建构的知觉,当然,身体知觉的整体性是没有办法明确地区分独立的技术建构知觉的组成部分,但是可以根据身体与技术的关系来从宏观上分析知觉的组成部分。身体在虚拟现实技术建构的虚拟情境中获得知觉体验可以延伸身体知觉的触角,增添知觉图式的内容,拓宽知觉现象场的内涵边界,使得身体获得这种具象的技术形式的身体知觉。从宏观层面来看,虚拟现实技术拓展了身体知觉图式的内容,这属于技术建构知觉的范畴。与此同时,身体源生知觉的基础性地位保证了技术建构知觉的内容得以完成,统一于身体知觉的获得,身体知觉是格式塔的整体,是整体大于任何部分之和的,不能单独对听觉、视觉、触觉和嗅觉等进行判断,而应该是用整体的视角来看。虚拟现实技术亦是如此,这种具象的技术形式不是对听觉、视觉或者触觉等感官知觉的单独建构,而是相对于技术建构的源生知觉进行比较,身体将这种基础性的源生知觉和技术建构知觉相结合,统一为身体知觉的内容,增加了知觉体验和身体的经验。

　　身体对于新技术的出现一开始是陌生化的,一个没有接触过虚拟现实技术,没有过虚拟现实体验的身体,其关于这种技术的知觉图式是空白的。这里引出"习惯"的概念,这里的"习惯"是指技术的习惯,是身体在使用技术的过程中不断积累下来的技术使用的经验,在技术制作和艺术创作中会积累知觉经验,梅洛-庞蒂将其称为"习惯"。① 他是从技艺人的技术性制作和艺术作品的创作两个层面来界定的,并将其衍生到虚拟现实情境上来,对于刚接触虚拟现实技术的身体来说是不具备熟练进行交互的经验的,所以身体一开始会有眩晕感,感觉头显过重,可接触的设备工具是横亘在人与技术之间的障碍,身体表现为一种不习惯的特征,沉浸感相比于后期熟练使用时相对不那么强。但当身体不断地使用技术工具,不断地积累虚拟现实体验的经验,不断地获得身体知觉的体验,身体会越来越适应这种技术形式,会更加地沉浸以至于忘却真实身体所处的世界而完全在虚拟空间里遨游。这种对技术的快速上手就是技术经验积累的结果,也是身体习惯的获得。身体习惯是连接身体与技术乃至世界的不自觉的显现,内化为身体知觉的内容。正是身体习惯的形成,技术才有着不断发展的不竭动力。身体习惯是身体知觉跟随身体体验的过程,在身体与技术的双向活动和对话中不断增加自身的能力,表现为身体将技术习惯内化为身体的经验,在新的技术环境中将经验的图式进行拓展,进而增加身体知觉的结构内涵。

6.2.2　技术调节的复杂知觉结构的形成

　　安德鲁·芬伯格在伊德的身体的论述之下提出了两种身体,即延展的身体和从属的身体,梅洛-庞蒂也提到过技术物可以拓展身体的知觉。芬伯格关于延展的身体有一个拐杖的例子,拐杖不仅可以使盲人延伸触觉,在某种程度上说,也是一种"视觉",可以使盲人延伸知觉,与此同时,拐杖的存在也让盲人意识到自己的身体状态,技术物不仅可以延伸人的知觉,同时也让人关注身体本身的状态,通过技术中介来回归自己的身体。从属的身体通过他者在我们的身

---

　　① 崔中良,王慧莉.技术如何不偏离人类生存:梅洛·庞蒂对技术的考量[J].人民论坛:学术前沿,2017(21):155.

体上进行动作。^① 身体在世界的活动不仅是从身体-主体的地位出发的,同时身体有时也处在从属的地位。芬伯格认为医生可以向病人提供医疗服务,病人的身体则为医生治疗的对象,此时病人的身体就有一种从属性的特征,身体也是以一种被动的地位存在着的,也体现为一种被看、被触等客体对象的地位。芬伯格的延展的身体对于身体本身的知觉和从属的身体对于身体的被动性给予了更多的关注,同时这两种视角的关注也给身体知觉的内容和特质带来了变化。

虚拟现实情境中,身体获得了前所未有的知觉体验,不再是伊德提出的非接触式的技术交互而导致的身体的缺席和伦理判断的缺失。这种单纯物质性的身体的接触式交互不能作为知觉评判的唯一标准,芬伯格也对此提出了质疑,身体虽然没有和这种虚实结合技术形式进行物质性的接触,但是技术的延展给身体带来了变化,同时,也使得技术丰富了身体的内涵,技术改变了身体知觉的结构。从这个层面上来分析,虚拟现实技术对身体知觉的改造和影响不仅依赖于可接触式技术物,即传统的桌子、钢笔等简单的技术物,还可依赖虚拟结合现实的技术新形式,虚实结合的新技术内容调节了身体复杂的知觉结构。身体有时也会处于被动性的地位,虚拟现实技术有时将身体作为研究的对象,或者说身体在无形之中也扮演着客体的角色,对于身体动作的捕捉,对于身体运动的检测,身体以这种形式反馈给计算机,呈现出身体是集被动性与主动性于一体的。虚拟现实技术对知觉的影响不仅依赖于物质性的身体与可接触式关系,还体现在一种身体的自身觉知的基础上。通过技术对知觉的建构使得身体参与技术之中,使真实身体与虚拟身体结合,知觉既是身体意向的投射结果,也是带有着技术烙印的、集主动性与被动性于一体的格式塔系统。

身体图式的运动系统的意涵在技术对知觉结构的影响进程中发挥着极大的作用。虚拟现实技术对身体的前意向运动能力的关注是实现技术交互获得的基础,身体的运动在虚拟空间中具有动作指向性意味,由身体动作触发技术呈现的虚拟画面,再由身体动作指令输出相应的技术指令。身体运动在技术交互中具有重要的地位,身体运动是身体知觉展开的基础和前提,尤其是在虚拟

---

① Feenberg A. Active and passive bodies: comments on Don Ihde's bodies in technology [J]. Techné: Research in Philosophy and Technology, 2003, 7(2): 6.

空间中,没有身体运动,身体知觉的图式便无法展开,技术在身体运动过程中也改变了身体图式的内涵,相应的身体知觉与身体图式是密不可分的关系,身体知觉也发生着相应的变化。前文也分析过,身体空间是处于基点的空间,虚拟现实技术以身体空间为基础,拓展着技术构造的空间。身体空间与虚拟现实技术空间互相包含,没有明确的界限。同时,虚拟现实空间是身体空间投射的空间的衍生,是身体空间延伸的空间,与身体空间密不可分。虚拟现实空间因身体的意向性活动而存在,同时丰富着身体空间的内容,这与身体习惯的概念密不可分,身体习惯的形成与身体空间的拓展具有正向变化的关系,虚拟现实空间为身体空间的拓展和延伸以及虚拟身体的交互活动提供了基础。

　　虚拟现实技术对身体的特殊作用体现在虚实结合的技术形式和技术内容影响身体复杂知觉结构的变化上,同时身体运动的参与,使真实身体与虚拟身体结合,在虚拟环境中发生交互,身体空间的衍生以及身体习惯的变化统一于交互的动态过程中,共同影响着知觉内容的形成和结构的变化。

6.3　技术营造空间中技术身体的形成

6.3.1　赛博空间中现象身体的技术经验

　　有人将虚拟现实空间当成赛博空间,那么赛博空间的概念涵盖的范围是什么? 虚拟现实空间和赛博空间的区别和联系是什么? 赛博空间里的现象学理论是否适用于虚拟现实空间? 有关赛博空间的身体理论的讨论可否衍生至虚拟现实空间? 赛博空间中现象身体的技术经验发生了哪些变化? 本节将从这几个问题入手来阐释赛博空间里的身体特征和身体在赛博空间里的变化过程。

　　关于赛博空间(cyberspace)的概念,不同的学者从不同角度对其概念的确定有所区别。侧重赛博空间通信功能的学者将赛博空间看作一种人们交流和通信的现代方式,现代社会中人与人的交流不再局限于面对面,还可以通过计算机和互联网进行远程交流,远程化的交流汇聚了大量的信息数据,通过互联网各种聊天工具来进行信息交流的方式使交流呈现出全天候、无地域界限的特征。当我们通过通信手段联系对方时,在象征性的空间里,交流情感、分享经验,但我们的身体并没有在某个地方相遇。[①] 侧重信息交流功能的学者将赛博空间阐释为通过计算机进行聊天和沟通的通信工具形成的网络空间。还有的学者对于赛博空间的理解是放在虚拟实在的情境中的,迈克尔·海姆在其著作中详尽地阐释了界面到网络空间的转变,从形而上的层面探讨了虚拟现实。海姆将赛博空间称为数字信息和人类知觉的结合部,是文明的"基质"。[②] 在赛博技术介入人们的世界时,赛博空间在生活的方方面面,以及在计算机生成的虚拟世界里,身体在其中表现为一种在场,并与其他身体进行互动;在虚拟现实空间里,人们则通过头显和数据手套等技术工具进行体验,在这种赛博空间中,强调虚拟与现实相结合的空间形式,强调图像的出现对人的视觉的影响,以及相关知觉与技术的结合。

赛博空间还有如科幻小说家威廉·吉布森描述的电影空间、聊天空间等空间形式。虚拟现实技术营造的空间属于赛博空间的具体形式,虚拟现实空间具有赛博空间的特征,笔者称之为"赛博特征"。赛博特征是虚拟与现实结合的,可以是电话、电子银行、网络聊天等各种形式,虚拟现实的赛博特征尤指空间形式是范围缩小而聚焦的沉浸式的、借助于头显和手柄等物质性工具以及计算机等输入输出工具而营造的使人身临其境的虚拟现实空间,集合了视觉、听觉、触觉等感官知觉的投射与回应的复杂系统。这样看来,赛博空间功能的侧重具有不同的空间形式和内容,虚拟现实技术营造的空间在虚实结合的沉浸性的特征方面属于赛博空间的具象形式,虚拟现实技术既有着通信功能,也可以使人获得多感知的体验。对赛博空间的现象学的讨论,尤其是身体体现的观点,笔者将其放在虚拟现实技术里进行具体的讨论,并阐释这种技术形式适合的和不适合的现象学理论,采取了从技术建构身体知觉出发的逆向角度,具有一定的创新性。

如果在赛博空间中忽视身体,赛博空间里的活动则可以看成是心灵活动的结果,身体被放了空间之外,不在技术活动中出现,完全是心灵在起作用。梅

① 斯劳卡.大冲突:赛博空间和高科技对现实的威胁 [M].黄锫坚,译.江西:江西教育出版社,1999(1):212.

② 海姆.从界面到网络空间:虚拟实在的形而上学 [M].金吾伦,刘钢,译.上海:上海科技教育出版社,2000:163.

洛-庞蒂的身心一元论直接否定了身心二元论的说法,身体与心灵是没有办法区分开来的。身体是一个统一的整体,身体与技术交互的过程中,在赛博空间里即使是与虚拟物进行交互,也是身体意向的投射来完成的,因为没有身体就没有心灵,同时也没有办法将二者分开来。从身体受技术影响的层面来看亦是如此,如果存在单独的心灵,那么为什么在赛博空间中身体会无意识地对赛博空间里的动作给出身体的反应,如躲闪等。从身体对技术的反馈和身体知觉经验的改变来看亦可以否定身心分离的观点。

对于虚拟现实技术,属于赛博空间的具体形式,是人机交互以及人与人沟通交流的技术新方式,或者说是身体的技术活动,在这个活动过程中,身体完成了与技术的交互以及实现了人与人的交往,虚拟现实技术往往伴随着沟通交流的功能。比如在虚拟现实机械拼装(图6.1)中,身体使用头显和手柄进入虚拟空间,通过对材料的选取和双手的安装配合,将一堆杂乱的原材料拼装成一辆自行车或者汽车等机械类成品。首先是视觉的沉浸、听觉的沉浸以及触觉的沉浸,如在拼装的过程中,身体在选择和夹取材料时,提起的过程可能会因为手柄控制的松动使材料脱离虚拟空间里的手,现实空间的身体会不自觉地用手去接住将要掉落的手柄,虚拟空间里的手柄也同时移动了。身体是具有绝对的参与性的,身体运动机能的触发在一瞬间会同时在真实空间和虚拟空间里显现出来,这里的身体运动也是身体图式的表现,身体图式本就是知觉-运动体系的显现。真实空间的身体对虚拟空间里技术活动的反应说明身体和心灵是没有办法区分开来的,是统一的。同时,身体对手柄力度的感知从一开始总是掉落材料到后来可以牢牢抓住材料,这是身体技术经验形成的过程,反应为手指对手柄力度的熟悉和把握。即使脱去头显和手柄,这种对于力度的控制依然内化在身体中,这种技术经验依然存在于身体内,直到身体再次沉浸在虚拟空间内,其对于手柄力度的控制依然熟练。

所以说,技术经验的概念也是对身体体现的现象学派的内容的加持。梅洛-庞蒂认为身体图式是对我们身体体验的概括,它能把一种解释和一种意义给予当前的内感受性和本感受性。[①] 所以体验的获得和经验的回归完善了身体图式的内涵,使得身体知觉的经验结构变得丰富化和多层次化。虚拟现实技

---

① 曹继东.现象学的技术哲学[D].沈阳:东北大学,2005:90.

术中身体知觉的改变得益于身体体验的增加,而体验总是以技术为中介的,技术扩大或者缩小了身体的感觉和知觉维度。所以笔者以身体逆向的方式来阐释身体体验的特征,与此同时也呼应了体验的技术化特征,以及技术体验过程中对于知觉的改变和知觉结构的影响。

图 6.1　虚拟现实机械拼装示意图①

6.3.2　技术身体的形成与多层含义

关于技术身体的概念并没有完全的定论,本小节将通过分析不同学者关于技术与身体关系中技术对于身体的概念而提出的技术化的身体或者技术的身体等论述进行评析,从多层次对技术的身体进行解析,并给予技术身体一个多层次的阐释。

伊德对于身体的分类中,身体一是具有感官知觉的肉身身体,是具有前反思的和前意向的在世存在物;身体二强调文化对于身体的影响,故称之为文化身体,身体二还是和性格紧密结合的身体;身体三是技术意义上的身体,穿越身体一、身体二,在与技术的关系中通过技术或者技术化人工物为中介建立起的身体,姑且将之称作技术身体。② 伊德对于三种身体的分类把对于身体的影响因素过于明确地区别开来,而将身体区别开来,其实是远离了现象学的路径。

---

①　新浪 VR. 虚拟现实拼装 [EB/OL]. (2020-01-01) [2021-03-10]. https://www. vrsuperclass. com/VRDriving.

②　杨庆峰. 物质身体、文化身体与技术身体:唐·伊德的"三个身体"理论之简析 [J]. 上海大学学报(社会科学版),2007(1):14.

暂且不论三种身体划分方法的缺点，只看伊德对于技术与身体关系的论述，伊德强调身体是处于技术背景之下的身体，身体是技术的身体，身体经验也是技术建构的经验，身体是处于技术之中的。在某种程度上，伊德对于身体的第三个层面上的论述是看到了技术对于身体的影响，即将技术看成一个更加宏观的背景，而身体无论如何也是受到了技术影响的，这从技术之于身体影响的基本层面承认了技术的作用。当然，伊德对于三种身体的划分受到了很多学者的批判，认为他将三种身体独立地阐释，没有看清身体的本质。本小节侧重于伊德对于身体的技术影响维度和技术对于身体经验的构造作用。

技术身体可以理解为技术影响下的身体，那么对于技术身体的描述是从身体的维度来阐释的。通常情况下，技术的发展要适应人的发展和需求，具体的技术设计也要遵循人的使用规律，但与此同时，技术也在"挑选"人。比如说航天员、飞行员的选拔和训练就是要克服人体"生物学缺陷"。① 毫无疑问，技术设计要回归身体的知觉本身，要贴近身体的构造和感官知觉的特征来构建一个更加真实性的中介接口。同时，不能忽略的是技术依然存在很多现阶段无法实现的技术壁垒，那么要将这项技术放弃吗？并非如此，技术实在无法避免的空缺可以在某种程度上靠身体来填补，即使是一般的技术，身体也有一个从陌生到熟悉的过程，这也是身体在慢慢地适应技术的过程。身体对于技术壁垒的填补作用表现得更加明显，身体要改变自己的身体图式，增添所需的身体图式的内容，并与技术不断磨合，才能发挥更大的技术价值，此外身体的知觉内容也改变了。一般性的技术，身体只需要了解和不断积累使用的经验，而身体图式同样也发生了变化，得益于技术经验的积累和身体习惯的获得。这两个不同程度的身体对技术的适应也是技术身体的内涵之一，偏向于身体对技术的调适而造成的身体内部的格式塔的改变。

唐娜·哈拉维论述了有机体和机器混合体，即用赛博格的概念将身体与技术的融合推到了一个新的认知层面。维贝克提出了人与技术的赛博格关系，用公式表示为：（人/技术）→世界，这也是对伊德的人与技术关系的延伸。维贝克将此种情境下的人与技术理解为一种融合的关系，不再是简单的、外在的交互性关系。赛博格关系是强调人与技术的物质性融合，技术嵌入身体，对身体

---

① 李宏伟.技术阐释的身体维度：超越工程与人文两种研究传统的技术哲学理路［J］.自然辩证法研究，2012，28（7）：32.

功能产生影响。比如心脏支架,对身体的作用是帮助实现心脏功能的正常运转,而身体接受了支架手术后,在一定的时间段内可能会忽视支架的存在,维持着正常的生理机能,可以说心脏支架这一技术物和身体实现了融合。再比如,一些药物虽然没有长期存在于身体内,但这一技术物实现了对身体的改变,而身体是没有办法意识到技术物的存在的,这表现为技术内化于人,技术成为身体的一部分,呈现为赛博格的关系。这种技术身体是技术改造过的身体,而且表现为技术内化于身体的内在构造,而且身体在日常处于一种浑然不觉的状态,这种技术身体更偏向于从外在的物质层面来分析身体的被动性层面,即技术完全的内化。

技术身体的形成最终落脚到身体上来,身体成为了一个技术身体,一个可以熟练使用技术工具的身体,或者与技术的外在或内在结合的身体图式,身体积累了技术经验,运用身体知觉投射意向性的动作,形成了具有身体因技术而营造的身体习惯的技术身体。身体技术不单单是人操控技术物的技能,也是人按照文化、习俗与社会要求使用自己身体的技能。① 不仅仅是伊德阐释了技术的文化维度,英国学者克里斯·席林在技术身体的概念中也谈到了技术的政治和社会维度,技术是受社会、文化、政治等因素影响的产物,技术背景下的身体也不可避免地带有政治、社会和文化等维度的烙印。这些多层面的影响因素都是技术携带的,进而促使技术身体的维度远远不只是局限于纯粹的技术性经验,而是各种要素的结合对身体产生的影响。身体的前反思的身体图式是一个格式塔的整体,身体源生技术是技术活动产生的前提和条件,在这个过程中,技术又改变着知觉经验,技术构造身体内容的增加使得技术身体在技术活动中逐渐形成。身体技术是技术身体的身体维度,身体技术奠定了技术活动身体机制的基础,技术也构建了身体技术图式,身体在与技术双向建构的过程中表现出技术身体的趋向性。

虚拟现实技术情境中的技术身体的形成包含以下几层含义。随着虚拟现实技术的普及,技术成为人们必不可少的虚拟驾驶体验的中介,那么身体会随着技术影响的深入和训练频次的增加而产生"虚拟驾驶手",身体会在虚拟驾驶的过程中施于手臂动作,这是一种不自觉的动作。又如虚拟现实绘画这种技术

---

① 刘铮.虚拟现实不具身吗? 以唐·伊德《技术中的身体》为例 [J].科学技术哲学研究,2019,36(1):92.

形式,会形成绘画的"电子手",一旦离开虚拟现实绘画,手臂依然存有熟练的绘画经验。这一层面上的技术身体是技术经验不断积累的结果。同时,技术对于身体的影响和对于身体知觉内涵的拓展也是技术身体基础性转变的表现。技术发展的目标之一是头显越来越轻,技术性的物质性中介越来越不明晰,使其给身体带来的异物感逐渐消失,使身体完全地沉浸。设想如果在技术的终极阶段,头显内化为瞳孔上的隐形镜片,完全逼真的体验会使人忘却技术的存在以及感受不到技术外在的物质性,这便成为一种虚拟现实技术与人完全融合的赛博格关系,这个阶段技术身体的形成是将技术内化为身体的一部分,进而变为隐形的存在,但技术依然在建构着人的知觉图式。

6.4　技术情境中身体与技术的"侵越"结构

6.4.1　体现现象中的双向关系

"体现"是人类身体知觉通过仪器的一种技术扩展。[①] 对于技术体现的讨论是连接技术哲学与现象学的通道,因为从体现的概念中便可得知其强调技术的扩展,而且是基于人类身体知觉的,这就将技术哲学与现象学联系起来。本小节讨论的体现的概念是将其放在虚拟现实情境中讨论,不是从传统的技术交互过程中身体是否参与的角度出发,而是从身体在技术活动的过程中发生了怎样的变化,达到了什么样的身体图式的改变出发,从一种逆向的方式来论述身体体现的概念,进而深化了技术对身体的影响,并在这种虚拟现实空间的情境下来讨论身体体现的概念。

笔者对于体现概念的阐释将从不同理论观点阵营的争议展开讨论。赛博空间是一种新型的交往空间和方式,在某种程度上是涵盖着虚拟现实技术空间的。不同的阵营对于体现的观点是大相径庭的。非体现现象学者认为在赛博空间中,技术是不以身体的存在为前提的,并不看重身体的存在,即在赛博空间

---

① Ihde D. Whole earth mearsurements [EB/OL]. (2002-07-10) [2021-03-25]. http://Scholars. lib. vt. edu/ejournals/SPT/v2n2/IHDE. html/2002-07-10.

里技术与身体的交互活动中,身体是不必要的。他们认为因为赛博空间的虚拟性特征,会在空间中将身体虚化为一个虚拟的对象,这个对象的身份、年龄、性别以及各方面的身体特征都可以被编造,即人可以在赛博空间中创造一个完全迥异的身体。这时身体连基本的性别都不存在,身体存在的意义也便没有了,赛博空间中的身体处于完全被轻视的地位。非体现现象学理论从程度上又可划分为绝对的非体现现象学和边际性的非体现现象学。尽管对身体完全忽视,赛博空间技术活动的身体的透明和消失不会对交互过程产生影响,这是对身体在赛博空间的绝对性的否定。而边际性的非体现是指相对于绝对的非体现而言的,身体是存在的,赛博空间中身体的存在是有必要的,但是处于十分边缘的位置,没有从技术产生与存在的本质上来将身体置于基础性的位置,而只是将身体放在边缘化的位置,可有可无罢了。这种边际性的非体现理论具有一种机械主义倾向,因为虽然身体是存在的必要条件,但它对知识的产生却不是本质的,人类身体在赛博空间中只占有边际性的、被动的认识论地位。①

　　体现现象学派将身体放在一个基础性的位置,看重身体对技术的重要性。有些学者从梅洛-庞蒂的身体图式的概念出发验证体现现象学派观点,身体图式在与技术的交互活动中是面向技术展开的图式,身体图式不是一个简单的听觉或者视觉的独立感知,而是格式塔的整体,赛博空间里往往存在着对身体某部分知觉的放大,同时配合着别的感官知觉,这也是身体的格式塔特征被放置于技术情境中,技术要来贴合身体的体现。身体知觉是身体与世界联系的中介,功效却大于中介,可以将技术看作是技术物,也可以看作是技术改造的世界。在这个过程中,身体具有一种可逆性的特征,身体对于世界产生影响,世界也正"看"着身体,在赛博空间中,这种世界可能为一种虚拟的形式,但技术物依然隶属于世界,属于虚实结合的技术新形式,身体对技术物进行探索和了解,技术也展现着自己的图式,技术对身体也显示出倾向性。所以,从梅洛-庞蒂对身体图式概念的阐释和身体可逆性的观点出发,可以看出作为理论基础的身体有着重要性地位,将体现现象学里对身体忽视的问题作了阐释。梅洛-庞蒂的知觉现象学揭示了知觉研究中被忽略的触觉感知理论和身体的维度。②

　　本小节从梅洛-庞蒂的身体现象学的观点出发,阐释了身体对技术的重要

① 曹继东.现象学的技术哲学 [D].沈阳:东北大学,2005:86.
② 李金辉."身体"体现:一种触觉现象学的反思 [J].江海学刊,2012(1):63.

性。那么,这一部分详细阐述了技术之于身体的结果,从身体在技术活动中发生了怎样的变化来阐释赛博空间中身体体现的观点。前文也提到,技术对身体的知觉结构和内容有极大的影响,它改变了知觉的结构,增添了知觉的内涵。在赛博空间中,技术对虚拟身体的影响显而易见,那是虚拟身体的动作改变并接受技术输出的电信号,进而进行不断交互的结果。虚拟身体首先是身体意向的投射,反应为技术对身体意向的引导和改变,其次是真实身体在技术交互的过程中身体习惯的养成。习惯在一些方面是知觉图式的改变和图式的确定,内化在身体中,形成了身体知觉的习惯。在赛博空间里,对真实身体和虚拟身体的改变足以说明身体体现的现象学观点的正确性。

6.4.2　虚拟空间中的知觉建构结构

前文论述了虚拟现实的本质以及身体沉浸在虚拟空间中的状态,身体对技术的建构作用和存在机制以及技术对身体的突出地位和作用,在运用"侵越"概念的基础上,阐释了具体的技术对身体的特殊作用。同时,在身体对技术和技术对身体的两个方向的内容阐释的基础上,引发了对二者更加深刻的关系内容的思考:身体与技术互相影响,那么它们之间的关系到底是怎样的? 在双向影响的"侵越"的基础之上,是否呈现出结构性的特征? 将二者的关系联合起来,从身体沉浸在技术中的动态过程,以及技术设计的过程等方向来思考虚拟空间中身体与技术的具体的结构性关系。

笔者将身体与技术的关系建构为回环结构,主要有以下两个方面的原因,同时也是身体与技术回环结构的两个方面的内容:第一个方面是在技术实践的过程中,身体处于虚拟现实技术营造的虚拟空间之中,身体知觉与技术知觉之间是相互解构与建构的关系;第二个方面是说技术的来源以及身体知觉的来源之间是一种回环的结构关系。第二个方面的内容同时集合了实践过程中对技术发展方向的指导性思考,一些技术弊端的呈现和现阶段无法解决的技术困境在这一过程中呈现出来。所以说,第一个方面是从知觉体验的动态过程来阐释身体与技术的回环结构,第二个方面则是从技术实践的角度来阐释身体技术的适应性和技术设计的"身体还原"特征。下面进行具体阐释。

首先是第一个方面的身体与技术的回环结构。身体获得知觉的动态过程是笔者的研究对象之一,虚拟现实技术的发展受制于知觉,身体如何从虚拟现实技术中获得知觉? 虚拟现实技术如何建构知觉? 虚拟现实技术具体是怎样作用于身体感官的,身体又是怎样回应技术的刺激的? 通过对这些问题的解答,发现身体与技术之间形成了一个知觉的回环结构。笔者基于虚拟空间中知觉经验获得的具体过程构建了回环结构图(图 6.2)。

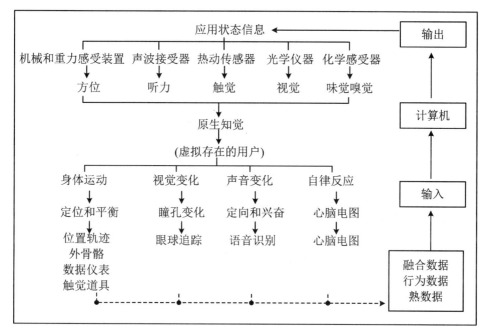

图 6.2 身体与技术的知觉回环结构

当受众戴上虚拟现实头显,进入虚拟时空中,虚拟世界随着头部以及身体的运动而延展开来;以身体为锚定的坐标原点,虚拟世界随着身体的运动而呈现出不同的画面,锚定身体的空间原点而建构虚拟空间。只有在虚拟空间中的绝对坐标确定下来,才能呈现身体与虚拟事物的相对坐标。通过对身体运动轨迹的感知以及虚拟现实体验,比如运动型的虚拟现实装置(虚拟现实射击游戏或者虚拟现实健身游戏),在这些虚拟现实体验过程中,有些是根据身体的投射而建立的虚拟模型,通过实现红外的光感应或者在身体采集数据的关节处绑定位置感应器,比较前沿的技术是使用光学捕捉和惯性动捕相结合的技术形式,它们可以在一定程度上弥补运动过程中的定位误差。通过对身体关节的数据的感应和搜集,可以将身体的定位和平衡信息传输至电脑,再将身体的动觉信息转化为数字化的科学语言,并记录下来。在虚拟现实装置中,十分重要的是头显与身体直接接触采集数据的技术装置,前沿的技术在使用中纳入了追踪瞳孔的技术,旨在建立更加精细化的眼动数据模型,以减少误差,进而减少身体在技术情境下的不适应性。比如画面延迟、刷新率滞后、运动状态不匹配等各种技术困境导致身体对技术出现了"排他"效应,进而使得虚拟现实体验的效果大打折扣,影响沉浸感、互动性以及多感知的内容。通过对头部细微动作的精细捕捉,同时根据瞳孔的变化进行眼球追踪,转化为计算机识别和存储的数据,进而展开下一步的调适和计算。

前文论述了身体的重要性,身体的格式塔特征决定了要将身体的视觉、听觉、嗅觉和触觉进行统一,才能获得一个浑然一体的知觉内容的合集,而且合集也不仅仅是各个感官知觉内容的集合,而是整体大于部分之和的。前文还描述了技术装置对视觉、声音以及触觉等人的感官知觉的捕捉同样具有重要的地位。人工智能与虚拟现实技术的结合,比如虚拟现实课堂,在使用的过程中,人工智能可以识别受众的语音来进行对话,或者直接进行操控指令,使得虚拟现实课堂的教学工作变得更加便捷和灵敏,互动性也更强了。当然,技术装置语音识别对声音的捕捉统一转化为计算机识别的科学语言,并进行记录,进而发出下一步的操控指令。前沿的技术装置对心脑电图的感知和绘制同样是基于身体运动数据的记录,进而更好地进行人机互动。虚拟现实绘画中手柄的触觉按钮的设置,比如 HTC VIVE 装置中的触觉反馈,在受众体验的过程中,会因为擦除而发生抖动,以及会因为音乐功能的加入,手柄装置也会呈现触觉的反馈。虽然这只是比较新的对于触觉的技术反馈的尝试,但也凸显了技术发展的趋势,即将身体的各个感官知觉进行融合,触觉也是必不可少的一个部分。所以说,在身体进入虚拟空间进行交互活动的过程中,技术装置记录知觉的反馈并将融合数据、行为数据等传入计算机,再输出为相应的应用状态的信息,比如机械和重力感应装置的方位调整与方向定位、声波接收器接收声音并通过计算发出互动的音频,以热动触觉感应器为例的触觉反馈,以及对视觉画面的呈现和味嗅觉的反馈。当然,现阶段的味嗅觉反馈因施行难度和技术难度的问题暂时没有普及,或者说没有被广泛应用至虚拟现实体验装置上来,但未来随着技术壁垒被攻破,技术更迭呈现出知觉的综合体趋势。在这个过程中,计算机通过各种装置输出为视觉、听觉等知觉可识别的信号时,身体便紧接着给予相应的反应,新一轮的回环结构便开始了,这也是虚拟现实技术的互动性的本质所在。

　　与此同时,身体知觉与技术建构知觉之间的联系也不容忽视。身体首先感知到了自身的存在,其次产生对世界的知觉经验。身体自身的感知也是对世界的感知,身体知觉是基础性的知觉,身体知觉是技术建构知觉得以产生的前提和基础,如果没有身体的格式塔建构的知觉,则没有技术建构知觉的可能。同时,技术建构的知觉叠加在身体知觉之上,又成为身体的知觉内容。所以,从身体知觉的基础性作用到技术改变了身体知觉的内容,技术解构了身体知觉的同时,参与建构了新的技术情境下的身体知觉。通过知觉的关系也可以看出身体与世界的联系,身体永远不是远离世界的,而是向世界中去、在世界中展开的,世界也向身体展开和靠近,无论是世界中的技术物还是其他物,身体与世界的相互展开与相互影响的关系,都因为身体与技术的回环结构而更加清晰地凸显出来。

本 章 小 结

　　本章从技术对身体产生了怎样具体的影响来展开。首先,技术调节身体的知觉内容,技术对于人的知觉的延伸和拓展是具有方向性的,即技术是贴合身体知觉的结构来设计并试图拓展身体某一方面的知觉或者拓展知觉经验某一个层面的内容的,并通过技术的放大-缩小结构来调节。其次,技术构建身体知觉结构,身体在虚拟现实技术建构的虚拟情境中获得知觉体验来延伸身体知觉的触角、增添知觉图式的内容、拓宽知觉现象场的内涵边界,使得身体获得这种具象的技术形式的身体知觉,同时技术经验的积累可以促进现象习惯的获得。虚实结合的技术形式、技术内容以及身体运动的参与,使得真实身体与虚拟身体结合带来了身体空间衍生和身体习惯变化,共同影响着知觉结构的形成。再次,技术身体在技术经验不断积累的过程中逐渐形成,技术对身体的影响,对身体知觉内涵的拓展也是技术身体基础性转变的表现。与此同时,本章尝试性地将技术情境中身体与技术的"侵越"结构具体建构为回环结构,一方面是从知觉体验的动态过程来阐释身体与技术的回环结构,另一方面是从技术实践的角度来阐释身体技术的适应性和技术设计的身体还原特征。

第 7 章　虚拟现实技术案例的现象学分析

7.1　论 VR 绘画中的身心合一机制

在身体为图形-背景的知觉场中,以身体空间这一处境的空间为基点,将虚拟空间纳入身体空间,不断拓宽知觉的触角,将身体空间和虚拟现实空间描述为互相交织,互相影响,互相"侵越"的态势。VR 绘画的创作者通过意向性的创作活动产生意义,VR 绘画体验丰富身体图式的结构,突破二元论关于虚拟空间是真实还是虚假的定义,破除了虚拟空间中身心分离的谜题。

传统的绘画模式是在二维空间有限的画布或纸质材料上创作的,画家通过虚实对比、大小对比以及透视等绘画方法使得画面呈现立体的效果,力图还原真实世界。虚拟现实绘画是虚拟现实技术发展到现阶段艺术创作的新媒介,也是一种新的艺术形式(不过这里的艺术形式指的是艺术作品的内容、表现手段以及外部形态的综合)。在计算机生成的三维空间里作画,用立体的无限虚拟空间替代平面的有限画布画纸,创作者通过虚拟现实头显,配合绘画手柄,在计算机生成的空间中进行艺术创作,从不同角度描绘,还可以穿梭于自己的绘画作品之中进行修改整合,进行比例缩放。观众可以通过佩戴头显欣赏绘画作品,穿梭于作品之中,全方位、全视角欣赏画作,观众亦可通过外接屏幕观看创作过程。

新技术在新时代与艺术的结合呈现不同的样态,对技术哲学自然提出相应的理论要求。国内外学者关于虚拟现实技术的研究集中于技术应用层面,也有

一些从现象学视角探究一般性虚拟现实技术的文章,但对于从哲学视角来研究
VR 绘画这种新形式的文章,在知网、万方等平台中检索 VR 绘画、哲学等关键
词出来的论文结果数据为零。有些从现象学视角探究一般性虚拟现实技术的
理论不适用于虚拟现实绘画的情境。比如,虚拟现实技术中的身心分离,即身
体是处在现实空间的,而心灵是在虚拟空间中将意识呈现出来的,虚拟现实技
术造成了身心分离。与传统绘画相比,虚拟现实绘画中身心分离了吗? 空间的
秩序改变了吗? 身体空间和虚拟空间的关系是怎样的呢? 虚拟空间是虚拟的
还是真实的呢?

从空间现象学的切口入手,撕开虚拟现实绘画这种新技术形式和新艺术媒
介中的虚拟现实空间的面具,用现象学理论从创作的动态过程来清楚地阐释身
体空间和虚拟现实空间,并用"侵越"的概念来论证这种动态的双向的关系,最
终走向意义的升华,突破虚假真实的二元辩说。

7.1.1　从 VR 到 VR 绘画

虚拟现实技术的发展历程是人类不断进行技术创新、认识和改造世界的过
程。1935 年,斯坦利的小说中提出了沉浸式虚拟现实体验的设想。1957 年,莫
顿·海利格发明体验剧场。1960 年,美国学者约瑟夫·利克莱德发表论文《人
机共生》[1],打开了对于虚拟现实技术的畅想和思考。1965 年,伊凡·苏泽兰在
论文《终极的显示》中提出了以数字显示屏为虚拟现实窗口[2],通过力反馈装置
包括触摸反馈和力量反馈来进行交互,具有里程碑的意义。苏泽兰团队研制出
了功能头盔,这是早期的人-机交互界面,使人与技术的交互形式发生了改变。
20 世纪 80 年代,麻省理工学院的杰伦·拉尼尔和齐默尔曼发明了数据手套,
开创了通过手部动作进行交互的精细化操作界面,随后拉尼尔提出使用 virtual
reality 这个术语。1985 年,美国航空航天局(NASA)的科学家研制成功了第一
套虚拟现实系统 VIEW[3],同时综合了动作追踪、头显、数据手套以及语言识别
等系统,多感知的、沉浸性更强的虚拟现实系统就此出现。1990 年,CAVE 系

---

①　Licklider J C R. Man-Computer symbiosis IRE transactions on human factors in electronics1 [J].
IEEE Journals & Magazines,1960:4.

②　Sutherland I E. The ultimate display [C]// Proceedings of the IFIP Congress,1965:506-508.

③　Fisher S S, McGreevy M, Humphries J, et al. The virtual environment display system [C]//Pro-
ceedings of the 1986 workshop on interactive 3D graphics. Chapel Hill,1987:77.

统营造的大型沉浸虚拟现实场域中,受众可以自由移动进行交互,实现了虚拟现实技术与多媒体技术、投影技术等多种技术的融合。1992 年,第一次专门性会议"虚拟现实会议"在法国召开,会议上确定了 VR 技术为虚拟-现实世界接口的宗旨。

"灵境技术""实境技术""虚拟实境""仿真技术""人工现实""虚拟现实"等,其他如 artificial reality、cyberspace 等都是对这一技术形式的命名。本书英文使用 virtual reality,中文使用"虚拟现实"来称呼该技术形式。

《牛津在线字典》对 virtual reality 的释义为:images and sounds created by a computer that seem almost real to the user,who can interact with them by using sensors:the use of virtual reality in computer games;virtual reality uses computers to create a simulated three-dimensional world。中文译为:由计算机创建的图像和声音对用户来说几乎是真实的,用户可以使用传感器与它们进行交互,如计算机游戏中的虚拟现实;虚拟现实使用计算机来创建模拟的三维世界。

到 21 世纪初期,随着大数据的加持以及人工智能技术的引入,虚拟现实技术越来越趋向于一个综合的技术系统。虚拟现实技术的发展从粗糙的力反馈头盔到越来越轻便的头显,从单一的显示图像屏幕到多感知系统,以及数据手套对于关节运动越来越细化的感知,皮肤衣接触元对于精确动作捕捉的知觉反馈,虚拟现实技术呈现为一个与知觉紧密联系的、越来越敏锐、精准以及系统化的技术形式。在 5G 时代,技术的创新成为 VR 发展新引擎,VR 直播、VR 旅游、VR 实验室、VR 绘画等技术与教育和艺术等领域的不断融合,给受众带来更为全方位、多感知、多互动的体验。

1993 年,美国学者 Burdea 和 Philippe 在世界电子年会上发表《虚拟现实系统和应用》(Virtual reality systems and applications),阐释了虚拟现实技术的三个特征,即 immersion(沉浸性)、interaction(交互性)和 imagination(构想性),人们习惯将之称为 3I。后来的学者还提出了虚拟现实的多感知性和自主性等特征,这些特征之间也有彼此重合的部分,都表述了虚拟现实的特征内容。技术的发展与艺术等领域不断融合,艺术是否也有对虚拟现实的探索呢? 是否可以在绘画艺术的长河中发现虚拟现实特征的隐秘痕迹呢? 虚拟现实技术与绘画的结合是否具有必然性呢?

从原始人山洞里的岩画到敦煌莫高窟壁画,还有法国肖维岩洞壁画、印度比莫贝卡特石窟壁画,洞窟里的石壁曾经是绘画的载体,是绘画艺术得以绽出的物质中介。拉斐尔创作的壁画,如果把壁画抽出来印成平面的插图,那些形象就丧失了作为画面整体优美的组成部分的作用。[①] 壁画借助特定的空间营造沉浸式的氛围,让观者走入壁画营造的"场"中被渗透和包围,进而感受到壁画的心理效应。[②] 绘画者们借助于洞窟或者建筑物将平面的绘画呈现在观者可以多视角观看的空间之中,让观者产生身临其境地与艺术作品直接对话的心理效应,这和虚拟现实技术的沉浸性特征具有内在的一致性。并且,观者通过身体运动来欣赏壁画。建筑空间序列中的人由"点"到"线"运动,实现个体观摩向群体运动的转化,即时间和空间的相互转化和相互渗透。[③] 通过身体的运动,即身体与世界的交互过程来获得对于事物的认知,虚拟现实技术也依赖于身体的运动并且强调交互性特征。现已有借助 VR 技术还原壁画的尝试,如现存最早的大型寺观壁画北宋开化寺壁画的 VR 呈现,让人们可以跨越时空欣赏千年以前的壁画艺术。从以上例子可以看出创作者们对于沉浸性、交互性以及构想性的探索,创作者通过技巧性的创作手法,以及绘画与建筑结合的艺术形式等拓展二维绘画的空间内涵。虚拟现实绘画的欣赏者沉浸和穿梭在艺术作品中。在一定程度上可以说创作者和欣赏者实现了从对空间的被动呈现到主动交互关系的转变。虚拟现实技术与绘画艺术的结合是一种新的艺术语言。艺术家史蒂夫·蒂普尔评价虚拟现实绘画的感受:"VR 绘画不同于其他创作经历。在创作的过程中,感到唯一的限制是自己的大脑。"[④]他认为 VR 绘画从平面的二维到空间的三维的转化给绘画者带来了挑战,同时多角度观看作品也影响着创作思维的转化。技术身体的形成才能适应技术场的转换,身体才能更好地适应艺术新形式。

7.1.2　身体空间:作为基点的处境空间

2016 年,Google 于旧金山举办了世界上第一个虚拟现实艺术展,创作者通

---

①　贡布里希. 艺术发展史 [M]. 范景中,译. 天津:天津人民美术出版社,2001:174.

②　张韬. 壁画艺术与建筑空间 [D]. 重庆:西南师范大学,2002:14.

③　梁雪,肖连望. 城市空间设计 [M]. 天津:天津大学出版社,2006:20.

④　Wolfe J. Denizen delivers Google Tilt Brush experience for Marvel's "Doctor Strange" [EB/OL]. (2016-11-01)[2020-05-17]. https://www.awn.com/search? keys＝Steve＋Teeple.

过 Tilt Brush 展开创作,虚拟现实绘画才逐渐走入大众视野。后来 Google 为艺术创作者提供了虚拟现实平台 Poly,虚拟现实艺术家通过平台展开绘画交流,并可以查看艺术家绘画的过程,让欣赏者更加深入了解艺术家创作中的心境和情绪的表达。虚拟现实绘画硬件系统由头显、手柄、定位器以及计算机组成。展示由主屏幕(同步绘画显示设备)、副屏幕(创作过程显示设备)组成,还包括 3D 打印机以及 VR 主机。在虚拟现实绘画过程中,创作者的肉身是处在现实空间中的,创作者戴上头显,手持手柄在空中飞舞,观众只能看到创作者在空中描摹,却看不见任何实质性的艺术创作。虚拟现实绘画需要左右手的配合,在虚拟空间中,创作者左手持绘画工具面板,右手抓取颜色(color picker)进行绘画(图 7.1)。创作者可以选择不同的场景,比如星空、宇宙、下雪等背景,雾、光晕、星星、火焰等不同类型的特效元素以及蜡笔、毛笔和油画笔等多种类型的笔触,还可借助标尺(straightedge)、镜像(mirror)等绘画辅助工具和绘画模型进行创作。创作者可以选择虚拟空间内的点,传送(teleport)(图 7.2)功能可以将创作者瞬间移动到定点位置。空间的延展没有画面边框的限制,创作者可以充分发挥想象力进行沉浸式创作。创作者的思考、灵感在三维空间里得以显现。而且他还可以转到描摹的"山"的背面审视自己的作品的另一个角度是否完美,或者走到"山"中间,画一条隧道,或利用缩放比例功能,将自己描摹的某个细节放大,进行修改,再缩小到原有尺寸。有学者质疑创作者肉身在现实空间,心灵在虚拟现实的空间,处于一种身心分离的境地。当观众在现实中看见创作者的肉身,看见的"作品"就是虚空;当观众戴上头显沉浸在作品中时,便看不见创作者的肉身。

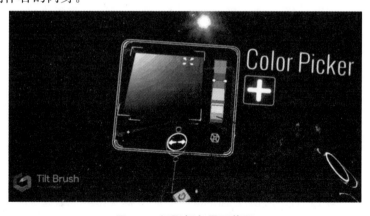

图 7.1　抓取颜色界面截图

图 7.2　传送界面截图

在这里,笔者借助现象学的视角来探讨上述的身心困境。传统西方哲学的主流观点将身体和心灵二分,从柏拉图的灵肉二元论到笛卡儿的身心二元论,将心灵推崇到至高无上的地位,将身体视为与欲望结合的外在附属之物。胡塞尔的现象学理论隐含的对身体的关注,承认心灵对身体的奠基作用,但最终还是走向唯心论的观点。梅洛-庞蒂给予身体以新的现象学内涵。身体与心灵不再分离,而是一种统一的状态。我们的各种身势和姿态都表现出某种特定的结构,具有某种内在的意义。① 梅洛-庞蒂否定了二元论的身体,身体既不是对象化的身体,也不是纯粹的"我思",否定了笛卡儿将身体视为可有可无的附属物的观点,否定了心灵因理性思考而受到褒扬,身体因感性感知而被贬低,梅洛-庞蒂将身体看成多元的、情境的和感知着的身体。灵魂和身体的结合不是由两种外在的东西(一个是客体,另一个是主体)之间的一种随意决定来保证的。② 梅洛-庞蒂著名的"幻肢"的例子,病人被截取部分肢体后,还是会下意识地举起残缺的肢体,进而论述身体是一个整体,不是心灵和肉体的简单相加,而是各个部分互相交织、互相蕴含的整体。身心的结合在运动中得以实现。

梅洛-庞蒂从身体出发来研究身体与世界的关系,不得不提到身体图式的概念。梅洛-庞蒂借助心理学格式塔的理论,将身体阐释为一个格式塔的整体,即各部分不是简单地组合在一起,不是一部分在另一部分旁边,而是一部分在

---

① 张尧均.隐喻的身体:梅洛-庞蒂的身体现象学研究 [D].杭州:浙江大学,2004:24.

② 梅洛-庞蒂.知觉现象学 [M].姜志辉,译.北京:商务印书馆,2001:125.

另一部分之间,是一个互相蕴含的整体,是整体大于部分之和的。比如触觉、味觉、听觉和嗅觉等感官知觉都不是独立的,而是共同形成脑海里对于某事物的感知。用户使用画笔绘画时,可以预测笔触的宽度和形状以及画笔笔尖的移动。Tilt Brush 中新增的音频响应式笔刷(audio reactive brushes)工具,打开音频响应(audio reactor)模式可以让笔刷绘制出随播放音乐节奏而跳动的线条(图 7.3)。基于力反馈的触觉界面,用户可以创建包含触觉笔的绘画,同时综合来自佩戴的 HMD 的视觉反馈和绘画过程中的触觉反馈,可以帮助改善用户的空间感知并补偿视觉反馈。[①] 如用橡皮擦擦除画出的图案的时候,手柄会震动,选择不同的绘画笔触的时候会有力反馈。虽然现阶段对于触觉和听觉的融合还处在一个附属的添加功能的阶段,但仍体现出虚拟现实技术设计对于多感知特征的趋向性。虚拟现实技术力图将视觉、听觉和触觉等感官知觉统一为一个仿真的整体。知觉是从 perception 翻译过来的,但不可以直接翻译为"感觉",因为感觉停留在感官的直观层面,比如听觉、嗅觉、触觉和味觉等。知觉不仅仅是感觉,而是一个整体性的知觉的综合,知觉是身体对某物的知觉,物不能单独地存在,而是在一种处境的空间中。对它的破译旨在将其每一细节放置到适合它的感知境域之中。[②] 知觉是对身体与外界事物相连的方式,是初生状态的"逻各斯",身体通过知觉连接世界。

图 7.3　音频响应模式和会动的"花"界面截图

---

① Kim M, Kim Y J. 3D surface painting in VR using force feedback [J]. Journal of the Korea Computer Graphics Society, 2020, 26(2): 1.

② 梅洛-庞蒂. 知觉的首要地位及其哲学结论 [M]. 王东亮, 译. 北京: 三联书店, 2002: 74.

梅洛-庞蒂是从身体图式的概念来展开对空间性的解释的。身体图式在感知的世界中获得对事物的整体觉知,包括对自己身体的觉知,身体在现象场中获得对本己身体姿态的格式塔的整体觉悟,不局限于单个感觉联合的简单相加。"我通过身体图式得知具体肢体的位置,因为身体图式包含了我的全部肢体。"①身体图式的概念和空间性的概念是没有办法区分开的,感觉的统一和运动感知是统一的。所以运动体验的获得和经验的回归丰富了身体图式的内涵,使得身体知觉的经验结构变得丰富化和多层次化。

梅洛-庞蒂认为身体是有空间性的,比如人看不见帽子上的饰品,但是当人抬起手就可以很准确地摸到帽子上的饰品。身体图式的整体性,即身体的各个感官排列在身体空间里,身体的各个部位以一种整体的方式结合在身体空间之中,比如"上"和"下",那是经验论对外部空间的描述,我们不能简单地说头在脚的上面,这种方位的描述是因为我们受到重力的影响来评判"上"和"下",并且是借助外部空间的评判方式来描述的。身体空间的身体可以自主调动头部和脚部的动作,从而感知到头部和脚部的位置,身体是自带空间性的。我们身体的运动和空间性使身体区别于物体,我们不需要应和要求而使身体的各个部分列在客观空间中。我们拥有不可分割的身体,我们身体的自然坐标的特征涵盖了各种各样的感知和运动功能。②

关于空间的论述,梅洛-庞蒂不赞同西方哲学传统的空间理论,即经验论的"被空间化的空间"和理智论的"能空间化的空间"。经验论将空间描述为可测量的实在的位置,理智论将空间描述成不可分割的主体连接物体的能力,二者都把空间看成客观的、外在的、与身体无关的、没有突出身体主体地位的空间,身体是空间的本源,身体空间是所有空间的基点,即参照点。"我们必须假设一种新型的意向性,它不仅伴随着我无法确定身体内的具体位置,还打算将身体扩展到世界的每个对象,并以此作为起点。只有这一事实才能使我的身体与物体连接起来,才能在某些时候使物体同化到我的体内。我的身体是一种内部格式塔,即使扩展,也总是包含其各个部分的差异。"③身体空间是身体图式的表

---

① 梅洛-庞蒂. 知觉现象学 [M]. 姜志辉,译. 北京:商务印书馆,2001:135-136.

② Harrison W H. Philosophy of mind [M]. Dordrecht:Springer,1983:346.

③ Hiroshi K. From dialectic to reversibility:a critical change of subject-object relation in Merleau-Ponty's thought [M]. Dordrecht:Springer,2002:103-104.

现,是一个整体的空间,是一个原始的空间,外在空间以此为参照。比如头在脚的"上"面,那如果人躺下来,那么哪里是"上"面?"上"是借助外部空间方向名词运用到身体空间的错误用法,身体空间是整体性的,不可分割排列的,不能划分为上下左右。我们在谈论虚拟现实空间的时候,已经预设了身体空间的起点。由于虚拟世界中有新的时间和空间概念,动觉的含义发生了变化。在虚拟世界中也无法实现没有运动感觉的感知。视线在移动,并与观察者保持一致。保罗·维里里奥将此称为"当场出行起点"。胡塞尔将身体的格言作为"所有方向的零点"是具有字面意义的。[①] 身体空间是自有方向性的。在虚拟现实空间中,用户戴上头显,沉浸的空间里没有所谓的椅子在凳子的左边或高楼在花园的后面。虚拟现实的绘画空间是空白的,手柄在虚拟空间呈现为颜料盘,其位置随着身体的扭动而改变方向,一切都是以身体为"坐标"和出发点的。身体锚定了一个绝对的起点。身体空间具有定向的作用,如果没有身体空间的存在,我们无法判断出虚拟空间里的方向,即无法创作。二维空间的创作空间局限于一张纸张的空间,是平面化的创作,画家运用视错觉的技巧,可借用标尺等工具来规划扁平的空间,而三维空间作画是运用身体空间度量创作作品的高度、深度和长度,用身体空间蕴含出虚拟空间来。而对于观者来说,身体空间是虚拟现实空间的基点。

　　区别于可测量的实在位置的经验论的空间,虚拟现实绘画中则是锚定身体空间的基点并以此展开多维度的虚拟空间。艺术家 Goro Fujita 使用 VR 绘画软件 Quill 绘制了《世界中的世界》(Worlds in worlds)(图 7.4),在画中,外星人手里拿着一个水晶球,通过对画面的放大,可以发现水晶球里是一个新世界,新世界里有推着婴儿车的女人、坐在椅子上的老人,以及手里拿着水晶球的男生,对水晶球放大来看是一个充满了蚂蚁、兔子和书的世界,再对比例进行一定的放大可以走进兔子的家,看见弹着吉他的蚂蚁和一群蝴蝶。在虚拟现实绘画中,创作者通过比例缩放功能利用双手手柄执行拉伸动作对空间进行放大和缩小,Fujita 通过空间嵌套空间的绘制方法向观者呈现了二维空间不可能实现的虚拟现实绘画作品。虚拟空间的展开是以身体空间为基点的,虚拟空间根据身体的位移和身体的交互动作而延展开来。

---

① Sepp H R, Embree L. Handbook of phenomenological aesthetics [M]. Dordrecht: Springer, 2010: 59.

图 7.4 VR 绘画《世界中的世界》[①]

梅洛-庞蒂否定身心二元论,强调身体-主体地位,通过身体知觉来感知事物。从身体图式出发把身体看成一个格式塔的整体,虚拟现实绘画也将感官知觉统一起来。在这个过程中,身体图式的整体性决定了身体空间不再是传统意义上的具体的方向方位,而是一个初生状态的整体性的原点,即"所有方向的零点"。在虚拟现实绘画中,以创作者的身体空间为基点,用身体空间蕴含出虚拟空间来。

7.1.3 身体空间与虚拟现实空间相互"侵越"

虚拟现实绘画不同于传统绘画,受纸张大小的影响以及二维平面的限制,创作者试图运用光学原理来营造空间感,但那终究是扁平化的、受限的,绘画作品是缺乏深度的。虚拟现实绘画不同于一般虚拟现实(如虚拟现实游戏),营造

---

① Fujita G. Quill: Worlds in worlds [EB/OL]. (2016-12-07)[2020-08-13]. https://www. youtube. com/watch? v＝EzsG1uqfDTQ.

完全不同于现实世界的扭曲时空的虚拟幻境,那是预设好的虚拟空间,是计算机运算的科学语言,身体只要执行相应动作指令,技术便会按照预设好的路径来呈现。虚拟现实绘画中的身体不是在设定好的科学语言中按照技术设计的程序路径来展开交互,而是在虚拟空间中自由地进行艺术创作。虚拟现实技术通过追踪设备可以识别空间范围内的身体并进行调试,创作者戴上头盔,头盔内置的定位器可以判断出创作区域,追踪创作者的位移进而锚定绘画空间的原点。观者以头部位移和旋转的角度来延伸虚拟空间的呈现,调整空间展开的角度。

虚拟现实空间是外部空间,身体空间是基点,外部空间是身体空间的衍生,自身体空间介入之前,没有所谓的"这里"和"那里"、"高"和"低",无论是观者还是创作者,进入虚拟现实空间之后,空间随着身体的头部转向而延展空间,突出了身体空间的源始性。外部客观实在物的空间是可以描述具体方向的,是一种位置的空间性。身体空间性是一种处境的空间性。[①] 在互动的往世界中去的活动中才能实现身体空间的获得,身体空间是与虚拟现实空间交互而存在的,是一种处境的空间性,比如艺术家在虚拟现实空间中,控制着操作手柄,用虚拟笔刷描摹出一个立体人像,眉毛和眼睛的具体位置、颧骨和耳朵的距离,这一切不是根据现实的人物测算眼睛到鼻子的距离、颧骨突出的角度等具体内容,而是一种身体习惯,这里的习惯是指技术的习惯,是身体在使用技术的过程中不断积累下来的技术使用的经验。正如人们经常说的,是身体"体会"和"了解"了运动。

习惯就是对一种意义的把握,而且习惯是在身体与世界的交互过程中发生的,所以又增添了运动的内涵,所以习惯是对一种运动意义的把握。习惯包含了世界中身体的拓展,以及身体发明新技术和使用新工具的改变生存的能力。习惯以这样的方式说明了身体图式的本质。它是开放的、与世界紧密联系的体系。[②] 它是一种身体空间的处境性带来的无须参照的创作,身体在立体人像中穿梭,身体空间和虚拟现实空间不是叠合的,而是身体空间包含着不同的部分。在处境性的空间基础上又具有空间的想象特征,意指一种投射。这种想象空间是一种主观空间。梅洛-庞蒂关于黑猩猩和施耐德的例子中,黑猩猩缺少把意

---

① 梅洛-庞蒂.知觉现象学 [M].姜志辉,译.北京:商务印书馆,2001:138.
② 梅洛-庞蒂.知觉现象学 [M].姜志辉,译.北京:商务印书馆,2001:189-190.

义投射到外部世界的能力,这种想象空间需要意向体验,病人施耐德对于具象和抽象空间表现不同,病人可以在具象空间中准确定位,而在抽象空间中无法定位,梅洛-庞蒂理解为病人的运动发生在想象的情境之中,是预设的运动,所以身体的空间是一种处境的空间。

对于创作者来说,身体参与绘画虚拟空间构建的动态过程,强调身体空间的衍生性,而观者的虚拟空间则为静态的呈现,更强调身体空间的基点作用。虚拟绘画空间对于创作者来说,是有着创作者的身体空间的"烙印"的,在虚拟现实空间之中,想象的空间是创作者基于现有经验得出的、确实可以呈现的,是基于处境的空间与外部空间交互而形成的,身体空间参与虚拟空间的建构,虚拟现实绘画的作品是身体不断"侵越"的创作力的呈现,是一种意向性的外显,是一种真实,以一种科学语言形式确定下来。创作者与虚拟空间的交互包含着身体技术、空间感知和设计思考,赋予空间以创作者特征的处境性内涵,构建出图形-背景结构。对于观者来说,以身体空间为基点来探索,这一创作者具身的虚拟空间在瞬间被解构成观者的认知碎片,这一空间的坍缩在观者进入虚拟空间的瞬间便完成了。观者的身体旋转、走近、扩缩等交互性活动使得虚拟空间再次建构,而区别于创作者位的虚拟空间,可以为想象的具象情境,也包含一种意向的投射。这是根据艺术创作和欣赏的不同主体的不同知觉内容产生的动态过程来进行的虚拟空间的界定,体现在这一动态过程中虚拟空间的处境性内容差异化方面。对于观者来说,由于审美体验和实践认知的差异,以及身体空间的差异性,使其对创作者呈现的空间的处境性内涵因感知不同而具有不同层次和方向的解读,与此同时,绘画虚拟空间的特征和表现也有所侧重。对于创作者来说,虚拟空间强调交互性能力,沉浸感和多感知内容处于基础性的地位,而对于观者来说,与传统欣赏绘画的方式相比,首先是沉浸感带来的视觉、听觉以及触觉等知觉的冲击,交互和多感知内容则体现在沉浸的过程中。

对身体空间和虚拟现实空间关系的论证离不开交互的概念。从广义上说,通过一系列感觉合集产生的幻觉使人恍若身临其境,这种技术由特殊头盔在眼前的立体监视器上生成三维动画的设备实现。人工智能技术等技术形式也不断融入虚拟现实技术,这是一种可以进行交互的人工环境。虚拟现实技术的交互性,建立了一个人与虚拟现实技术双向感知的和谐的人机环境。交互性使受众具有沉浸感和构想性,获取对真实世界体验的认知,交互是沟通人与技术物的桥梁。身体沉浸在虚拟现实空间里进行绘画创作就是交互的活动。在梅洛-庞蒂看来,身体空间是一种处境的空间,即与外部世界不断交互着的空间。一般的虚拟现实技术,如虚拟现实汽车拼装、虚拟现实驾车体验和虚拟现实雪山游览等,人与虚拟现实技术的互动是有一定的结果导向的。计算机的每一帧画面、每一个动作指令后的情境设置,都是预设好的以人的知觉体验为基础触发的互动场景,而虚拟现实绘画是创造性的空间,是完全意义上的身体的投射,正是因为有着身体的投射功能,虚拟现实空间才被纳入到身体空间之内。身体空间通过意向性的投射活动使得虚拟现实空间被用户认知,虚拟现实空间通过身体空间的投射作用而显现自身,如果身体没有投射的功能,虚拟现实绘画就无法完成。因此对创作者来说,虚拟现实绘画的空间是一个立体的"画板",是"空白"的空间,意向的投射和交互活动的迸发,才呈现出具有创造性的作品,在这个过程中,创作者意向的投射充分体现了构想性,将虚拟现实空间纳入身体空间,才能赋予虚拟现实空间意义。

　　身体与世界不断对话,产生交互,身体的投射功能反映了身体与世界的辩证关系。如果没有投射功能的显现,空间是不存在的,正是有了身体的投射,身体空间才得以存在,以身体空间为基点的外部空间才凸显出来。同时,空间也反映了身体与世界的关系。虚拟现实技术旨在营造无限贴近于真实世界的虚拟世界,使人产生在真实世界体验的知觉。从客观层面上来看,绘画的创作者转变了绘画的经验,从实在的绘画体验到虚拟体验,本质上是空间的转换,即从现实空间转向虚拟空间,从平面的二维转向立体的三维体验。这种空间体验的转变不再局限于真实的绘画体验转向虚假的绘画体验,而是突破了传统的真实虚假二元对垒的分界线,强调知觉的真实性。在这个知觉场中,身体获得知觉体验,身体空间和虚拟现实空间构成了一个实践系统。梅洛-庞蒂论述的病人施耐德的例子中,他能赶走落在鼻子上的蚊虫,但当别人让他指出鼻子的位置时,他却不能准确指出鼻子的位置;他可以敲门看看门内有没有人,却不能做一个虚拟的敲门动作。施耐德的例子强调了处境的重要性,而身体空间始终是与具体意向联系在一起的,是在与外部空间交互的意向性活动中形成的。通过身体的实践,身体空间向虚拟现实空间投射身体的意向性活动,虚拟现实空间被纳入身体空间,转化为身体的习惯,身体空间以一种不断开放的模式,不断形成新的习惯。虚拟现实绘画创作者一开始或许会不习惯,因为在其传统的绘画习惯的知觉中,没有此类经验,可是在虚拟空间绘画的过程中,掌握手柄进行笔触渲染的力度,不断生成空间构造和细节刻画的经验,身体空间将形成一种逐渐稳定的身体习惯。某些类型的虚拟现实设备(如沉浸式系统)直接能够实现现实体验。体验现实意味着人们相信体验者的客观存在。从现象学的角度来看,现实是由基于原始直觉给出的感知材料的主观构成所产生的。如果再用传统的二元论来分类,体验依然是虚拟空间的虚拟体验,但却真实地改变了身体体验,改变了身体空间。所以要突破传统的二元论的观点,获得对于身体空间的整体认知。

虚拟现实绘画的手柄这一技术物的设计是契合身体的,手柄符合抓握习惯,手指通过贴合触摸和滑动的凹槽发出动作指令。技术物在身体习惯的积累过程中不断透明化,衍生为一种人-技的具身关系。具身关系指的是技术与人不断融合,技术改变了人的知觉经验,是居间调节的中介物。例如,眼镜改变了人的习惯,成为人必须要佩戴的日常使用物品,人进而忘记了眼镜在脸上的存在,那么,这个时候的眼镜与人的关系就是一种具身关系,表现为技术通过改变人的知觉进而使人忽略了技术的异物感,而变为与人融为一体的存在。用公式表示为:(人-技术)-世界。[①] 这是伊德对诸如眼镜类技术物与身体的关系的阐释。具身关系基于身体习惯的形成,同时也基于身体空间的拓展与延伸。技术物设计符合人体工程学要求,如手柄即为创作者的"笔",使创作者可以在虚拟空间中抓取颜色、绘制场景、描摹立体线条。传统山水画中的散点透视法包含着中国传统绘画对于树木山海的独特审美理解。在虚拟空间中,创作者如何转变思维模式和透视技法将坍缩的空间复原、填充,如何描摹空间结构来准确表达山水画的美感特质,对创作者进行中国传统绘画的空间呈现是一种挑战。

对于观者来说,虚拟现实绘画还原的画家吴冠中创作的江南水乡水墨画(图7.5),不再只是远观的平面画作,而是可进入水乡之中享受视觉之旅的立体画作,是在中国画中的江南烟雨徜徉的体验与绘画艺术结合的完美演绎。虚拟现实绘画实现了"人在画中游"的审美情境,同时对于创作者在虚拟现实空间的身体经验提出了要求。比如传统绘画中对于毛笔的使用,其披麻皴的笔法是创作者在绘画过程中形成的本己身体的绘画技法,而虚拟现实绘画中创作者对

---

① 曹继东.伊德技术哲学解析［M］.沈阳:东北大学出版社,2013:25.

于传统笔法的呈现在于虚拟空间笔触的选择、空间结构的建构等。创作者与技术物不断交互获得的身体技术包含两个方面,一方面是本源的先验的技术,即身体与生俱来的一种能力和特质;另一方面和外在技术物的产生和发展密不可分。刚接触这种崭新的虚拟现实技术时,身体技术没有这方面的内容,而只有在不断体验的过程中,身体才能积累相应的技术经验,不断重复身体技术过程才能培养出习惯。① 身体会随着技术影响的深入、训练频次的增加出现"虚拟驾驶手",身体会在虚拟驾驶的过程中施于手臂的动作,这是一种不自觉的动作的显现,包括虚拟现实绘画这种技术形式,身体会形成绘画的"电子手",一旦离开虚拟现实绘画,手臂依然保留了现存的熟练的绘画经验。这一层面上的技术身体是技术经验不断积累的结果。

图 7.5　VR 绘画还原的吴冠中的水墨画②

---

① Hjorth L,Burgess J,Richardson I. Studying mobile media:cultural technologies, mobile communi-cation, and the iPhone[M]. New York:Routledge,2012:133.

② 新浪 VR. 当 VR 遇上水墨画[EB/OL]. (2018-04-18)[2020-05-17]. https://www. sohu. com/a/228657745478895.

　　就身体来说,体验者和设计者两个角度的站位会使得虚拟现实体验过程中人-技关系呈现出细分差异。身体空间与虚拟现实空间呈现双向的"侵越"关系,虚拟现实空间的细分界定对于身体空间也有着一定的影响。所以与虚拟现实空间交织的创作者和观者的身体空间也具有一定的差异性。具体到虚拟现实绘画的硬件手柄,由于创作者和观者的身体空间的变化,手柄与创作者和观者的人-技关系层面也呈现出不同的侧重,创作者的手柄设计要实现具身化(具身关系),符合人体工程学要求,即虚拟现实绘画的手柄这一技术物的设计要契合身体。在身体习惯的积累过程中,技术物不断透明化,衍生为一种人-技的具身关系。具身关系基于身体习惯的形成,也基于身体空间的拓展与延伸。对于观者来说,为了更好地实现"画笔"功能,外在技术物的设计要逐渐背景化(背景关系),如观者沉浸在虚拟空间中,手柄贴合手指的设计要弱化手柄的存在特征。与传统绘画相比,虚拟空间的欣赏过程更强调沉浸感,观者被三维空间内的立体画作包围,更强调一种人-技关系中的背景层面视觉占据更重要的感知层面,如手柄等技术物弱化了存在感,而退居到背景之中,手柄这一交互性技术物让观者在使用过程中察觉不到它的存在,以更好地沉浸在艺术作品之中。伊德的四种人-技关系无法单独替代复杂技术的人-技关系,这是人与技术特征中,从创作者和观者的功能层面侧重不同的人-技关系。手柄这一技术物的设计要契合身体,才能使得创作者不会脱离出绘画的情境,以更好地实现人-技结合,技术物的具身性显得尤为重要,只有解决好了这个技术问题,才能更好地进行艺术创作,让想象力和创作灵感不会因为技术物的外在形态而被遮蔽,所以在手柄等相关技术装置的设计过程中,理应考虑人体工学特征,设计出符合身体使用规律的技术物,这就是实践过程给予技术物设计的指导性方向,使技术物的设计回归身体。

　　上面阐释了手柄的具体案例来理解身体空间以及人-技关系差异化。围绕创作者和观者的处境和感知效应不同来界定具体的虚拟空间的差异化。有时人们会更加重视从创作者视角来探讨虚拟现实空间,因为相较于观者视角,笔者认为创作者的虚拟空间的身体技术构建过程更为复杂,二者之间的空间界定差异化也十分必要。以上可以看出技术物的设计要回归身体的原点,同时身体技术在这一交互实践过程中得以形成并拓展内容的边界,与身体原有的技术内容相融合,使得身体在这一科技发展日新月异的环境之中更好地适应技术环境的变化,实现人-技关系和谐。所以说,将技术对身体和身体对技术这两个方向进行相互解构,再建构丰富的内容,拓展原生概念的边界,使身体与技术的回环结构逐渐建立起来,这是人-技关系不可分割的环形结构。

只有在不断的技术体验中,才能使虚拟现实绘画的空间知觉丰富身体图式的格式塔内容。身体接纳新的习惯,形成虚拟现实绘画的新的身体技术。虚拟现实绘画与传统绘画的区别还体现在身体对于深度的把握上。深度是一种立体透视的关系,二维空间画家通过景深,运用透视法或者虚化技法在平面上产生的一种视错觉,使"立方体"看起来不是正方形,透视图本身有一种深度的趋向,身体欲看到这个"立方体",观者的目光为认识机器,按照创作者的意图去把握画面、把握"立方体",意味着我组织"立方体"。目光就是有思维能力的主体的这种知觉特征,主体能把物体期待的反应给予物体,以便物体能在我们面前存在。[①] 虚拟现实绘画中,创作者不再试图用视错觉来描摹深度,而是展现深度,在双眼"辐合"和"视大小"的共同作用下,赋予物体的深度以相对位置。深度揭示了主体和空间的关系。深度视觉是指两只眼睛的不同视角产生的双目视觉差,脑部反射区域将双眼所获得的不同图形信息进行融合处理,从而形成了有别于单眼视觉的、具有更明确深度信息的空间深度感。[②] 在二维绘画作品中,空间变得坍缩和扁平化。虚拟空间中的绘画作品在观者的双目视觉差下产生一种立体视觉,增强了身体感官对于客观世界知觉的真实性。对凡·高绘制的《星空》原版画作和用虚拟现实技术描摹的绘画作品(图 7.6)进行比较,双目视觉差的生理现象对于空间深度的感知使得绘画空间中的身体获得了沉浸性的体验。

《星夜》是 1889 年荷兰后印象派画家凡·高创作的一幅油画,现藏于纽约现代艺术博物馆。美国艺术家 George Peaslee 利用虚拟现实绘画工具 Tilt Brush 重绘《星夜》(图 7.7)的过程中,选择了不同的 Tilt Brush 画笔笔刷进行创作,油画笔可以模仿后印象画派特有的笔触风格,而在创作建筑物的时候则采取扁平笔刷,用分层颜色去描绘天空。George 表示,在绘画之前就要在脑海中看到物体的深度。他将画面中央和左侧的房子放在一起创作,再把它们拖曳到和原画一样的位置,保持教堂和小镇其他建筑物高度统一,并用扁平笔刷绘

---

① 梅洛-庞蒂.知觉现象学 [M].姜志辉,译.北京:商务印书馆,2001:336.
② 朱梁.人眼的深度视觉原理与立体影像特性 [J].北京电影学院学报,2016(4):131.

制。虚拟现实绘画中对于深度的把握更趋向于对真实性的体现,替代二维空间绘画中的近大远小、近实远虚的透视技巧的应用,虚拟现实绘画基于眼球生理结构和功能的真实视觉的深度差,使二维绘画费尽技巧营造的空间感,在三维绘画中依靠纯粹视觉的输出就可实现。《星夜》原作中的天空充满了星星,George 选择了星星笔刷绘制。他谈到以前的星星是平面化的,而现在的星星真实地存在于天空中,并且可以互动,这需要和画作主体分开来创作。观者戴上头显穿越城镇,可以看见星星从面前划过。观者沉浸在被蓝色吞噬的星空中,在感知后印象派艺术风格的同时身临其境地看见凡·高眼里的绚烂和孤独。

图 7.6　凡·高的《星夜》①和 Tilt Brush 重绘的《星夜》②

---

①　van Gogh V. The starry night [EB/OL]. (2020-05-08)[2020-08-13]. https://www. moma. org/collection/works/79802.

②　Peaslee G. Starry night diorama [EB/OL]. (2016-10-05)[2020-08-13]. https://sketchfab. com/3d-models/starry-night-diorama-tilt-brush-3e0b5185d1f8435b993e1bad2f82928e.

图 7.7　George 用 Tilt Brush 重绘《星夜》[①]

　　创作者不仅要转变思维方式来绘制多重视角下的立体绘画,而且还要考量光线投射下的物的形态。光线投射造成的物的明暗和阴影分布是分辨物的深度信息的重要元素。虚拟现实绘画中有非受光笔刷和受光笔刷,非受光笔刷是不受光照影响的笔刷,受光笔刷绘制立体图形则受到虚拟环境的光源的影响,绘制的物体会呈现高光和阴影变化,即和客观世界中受光源影响的物体的阴影和高亮部分具有统一的特征。主体位置的不同会使虚拟空间呈现不同的光影变化。笔者在体验虚拟现实绘画的过程中,选择雪人的场景,给雪人绘制的长鼻子投射的阴影随着身体的移动和视角的变化而产生位移和明暗变化。这一新的绘画体验的获得源于虚拟现实绘画中的空间属性。明暗分布和阴影变化是身体感知深度的表现,同时身体的位移带来的深度的变化反映出身体与空间的关系。

　　综上,身体空间与虚拟现实空间的关系可以用一个词来概括,那就是"侵越"。梅洛-庞蒂晚期的著作中提出了"侵越"这个概念。关于"侵越"的概念,梅洛-庞蒂指出,这种同一性并非绝对同一,"我的肉身被世界的肉身所分享,世界

---

　　① Peaslee G. Starry night diorama [EB/OL]. (2016-10-05)[2020-08-13]. https://sketchfab. com/3d-models/starry-night-diorama-tilt-brush-3e0b5185d1f8435b993e1bad2f82928e.

的肉身反映我的肉身",二者本质上处在一种互相对抗又互相融合的"侵越"①
关系中。"肉身"的可逆转性,阐释的是在触和被触、能感知和被感知之间的"互
相展开、互相交织、互相侵入以及互相渗透在一起"交织的、侵入的本体的肉身,
在对本己身体的感知之中觉察到这种"转换",而在此"转换"也不是一种单纯
的、无利害的对于关系的描述,"转换"即是"侵越",或者说是"被侵越"。②

　　"侵越"的概念被梅洛-庞蒂用来思考本己身体,后来逐渐被用来思考同他
者的关系。"侵越"表明身体主体不再是先验的旁观者,世界不是面对着身体,
而是参与到身体中,即身体同世界不再有明显的界限,而是一种接触关系。"侵
越"强调身体不仅是被动的一方,同时也呈现出主动性与被动性相结合的特征。
梅洛-庞蒂关于手的例子,当左手触摸右手的时候,身体既是主体又是客体,即
身体是能触的被触者。身体同世界亦如此,身体向世界中去,世界也向身体展
开来,身体能够感知世界正是因为身体与世界相互交织,身体也是具有可逆性
的存在。身体是能触的被触者、能见的可见者、能感知的感知者。梅洛-庞蒂强
调身体与世界的"侵越"关系,"侵越"表示一种互动,即相互交织、相互构建、相
互影响。身体空间与虚拟现实空间也可以理解为"侵越"与"被侵越"的关系。
一方面,身体空间和虚拟现实空间没有明确的边界和分化,虚拟现实空间会被
纳入身体空间的内涵中,改变身体的知觉方式。同时带来的身体习惯的形成和
变化在某种程度上会引导知觉、同化知觉,改变身体已有知觉的内涵。虚拟现
实对沉浸感和在场感的追求从根本上说是无法脱离人类知觉的。身体是向世
界中去的,既是看者又是被看者。身体空间因交互而产生,虚拟现实空间又以
身体空间为基点,身体空间和虚拟现实空间相互"侵越"。正是这种"侵越"的关
系,使得空间得以产生。

　　由于身体空间与虚拟现实空间的"侵越"关系,加上创作者和观者的处境以
及感知内容差异化导致的虚拟空间的细分差异,会使身体空间呈现一定的差异
性。对于创作者来说,虚拟现实空间向身体空间开放,在虚拟现实绘画的交互
过程中,创作者根据身体的空间构建艺术作品的空间。艺术作品的空间是身体
空间不可分割的对应物。在充分的互动情境下,带有深度的绘画空间会让创作

---

　　①　梅洛-庞蒂.可见与不可见的 [M].罗国祥,译.北京:商务印书馆,2008:317.
　　②　宁晓萌.试论梅洛-庞蒂后期哲学中的"肉身"概念 [C]//赵敦华.外国哲学(第 23 辑).北京:商务印
书馆,2012:242.

者形成空间绘画的身体经验,将虚拟空间的感知纳入身体空间,进而形成肢体记忆。对于观者来说,以身体空间为基点,身体空间和虚拟现实空间没有明显的界限。在互动情境中身体空间的投射和身体与世界的交互产生的知觉经验,改变了传统绘画欣赏的知觉形式。在这种处境的空间中,身体空间不断丰富自身内涵,朝向世界中去,虚拟现实空间也向身体空间敞开。在充分的互动情境下,观者将虚拟空间的审美体验纳入自身,使得自身延伸了身体空间,形成了关于虚拟空间绘画作品的格式塔的感知效应,同时带来的身体习惯变化重塑了身体已有知觉的内涵。

　　以身体空间为基点的虚拟现实空间是身体空间的衍生,身体空间的产生与虚拟现实技术的特征具有内在的一致,即交互性。交互的过程是身体意向的投射,身体空间通过意向性的投射活动使得虚拟现实空间被认知。虚拟现实空间通过身体空间的投射作用而显现自身,从一片空白到有深度的创造性作品呈现出来,虚拟现实空间就纳入了身体空间。梅洛-庞蒂的"侵越"概念的引用更好地阐释了身体空间和虚拟现实空间的交织关系,使这种处境的空间朝向世界中去,使身体在交互的过程中获得具有肢体记忆的绘画技艺。

7.1.4　虚拟空间的意义呈现与现实转换

　　有些学者将虚拟现实空间称作赛博空间,一些学者从认识论角度讨论虚拟现实到底是虚拟还是现实,到底是真实存在还是一种幻象,赛博空间中的"我"到底还是不是"我",这种虚拟现实情境中的记忆和梦境中的意识又有何不同,研究就此陷入了二元论的僵局。虚拟现实绘画可以更好地解释这个问题,能否打破二元论的困局,核心在于是否具有有意义的呈现。身体参与计算机构建的虚拟现实情境中进行意义互动,认知主体通过绘画活动创造意义、传达意义,不同于一般性动物对于信号性符号产生反应,身体通过象征性符号产生意义并加入精神性的内容。知觉主体通过意向性活动创造意义、传递意义。意义的生成和表达活动奠基于身体和世界内在而又超越的关系之中。[①] 如果没有意义,事物便没有被感知。梅洛-庞蒂对于艺术学的关注在某种程度上是因为艺术家具有更深刻的感知力来知觉事物的深度。虚拟现实绘画不同于一般虚拟现实技

① 唐清涛.意义的生成与表达:论梅洛-庞蒂早期意义与表达问题 [J].杭州师范学院学报(社会科学版),2004(6):45.

术的地方在于其艺术形式是一种创造、一种意义的迸发。传统绘画中将绘画的边界固定,创作者在有限的画纸上进行创作,观者的视角也被限定在创作者的构图之中,如西方的焦点透视将观者局限在固定的视角中,又如中国画中的散点透视是将多个视角融合。虚拟现实绘画要考量多维视角,要绘制艺术对象的背面、正面、顶部以及任何可见角度,还原艺术对象本身。观者以第一人称视角进入画作。因而在绘画过程中,艺术家需要考量他者的欣赏路径来进行空间结构的建构,即从他者视角出发来进行创作,构建不同的参观路径。例如,Anna Zhilyaeva 创作的《希望》(图 7.8)具有由中心向四周辐射的结构,欣赏者走入绘画中间,对绘画的主体一目了然;《自由引导人民》的参观路径则是由二维平面绘画走入三维空间绘画之中(图 7.9)。Fujita 绘制的《世界里的世界》蕴含着空间的结构,建立了一个无法在某个停留的空间看见绘画的全部而让观者不断探索的路径。创作者对于虚拟现实绘画中观者参观路径的建构也是基于空间的建构、创作者灵感的迸发和创造力的表达,加上观者想象力的拓展和知觉经验的丰富,赋予了与技术融合的绘画艺术新的内涵。

图 7.8　VR 绘画《希望》[①]

① Zhilyaeva A. Hopes. Virtual reality painting [EB/OL]. (2019-09-23)[2020-08-13]. https://www. youtube. com/watch? v=YxtWVkAJTKYhttps://www. youtube. com/watch? v=YxtWVkAJTKY.

图 7.9　VR 绘画《自由引导人民》①

如果没有人类感知,没有知觉的呈现,没有身体向世界中去,虚拟现实绘画就是一片无意义的空白,对于一个更低层次的没有认识和知觉的动物,是不存在虚拟现实绘画空间的,更无所谓三维的立体艺术作品新形式。正是身体知觉赋予了虚拟现实空间意义,才显示出一种真实性,虚拟现实绘画这种崭新的艺术与技术相结合的形式丰富了身体图式的内涵。身体意向性的投射与事物产生联系,意向性的活动中包含着意义。原创性的艺术作品就是身体与世界产生交互的意义体现,身体是参与的基点,通过身体空间和虚拟现实空间的交互产生意义,同时意义也通过身体空间来表达。

身体和虚拟现实世界产生交互的意向性活动,使得身体空间这一处境性的空间将意向投射到虚拟现实空间,创作者通过操纵手柄表达自身意向对世界的再现。知觉的表达,是真实世界的"一致的变形",是创作者经验的显现,是创作者心绪的倾诉,是创作者创造力的迸发,是创作者有意义的表达,是创作者的"语言"。意义在一种图形-背景的结构中展现出来,身体空间不断延伸,与虚拟现实空间互相包含。图形-背景结构是梅洛-庞蒂对于知觉结构的描述,这种图形-背景结构构成了意义的单位,与虚拟现实创作者共处一种处境的空间,具有内在一致性。

---

① Zhilyaeva A. Anna dream brush:VR painter [EB/OL]. (2018-12-22) [2020-08-13]. https://theawesomer. com/anna-dream-brush-vr-painter/492182/.

　　虚拟现实绘画的艺术作品可以成为可触摸的陈列展览吗？艺术家乔纳森·杨(Jonathan Yeo)回答了这个问题。他将面部扫描服务扫描的自己的头部数据传到了 Tilt Brush 中,在此基础上在虚拟现实绘画中创作了自画像,并将虚拟现实空间里的艺术作品 3D 打印成纤维雕塑,使得虚拟现实空间的意向物变成了现实世界中的雕塑(图 7.10、图 7.11、图 7.12)。将虚拟空间内的计算机语言打印成触手可及的技术物,在一定程度上否定了一些学者强调虚拟现实的主观意识的理论,比如周午鹏提出虚拟现实总是预先要求主体放弃对真实的坚持,即虚拟现实使人自欺。虚拟现实本身也是一台机器的产物。它不是主体,但它在"言说"。它表象为语言对身体的"规训",使其完全服从图像背后的机械法则。[①] 虚拟现实绘画创造了新的艺术创作方式,并且将这种人们以为的虚拟与真实连接起来,将幻境、想象空间以一种技术物的形式展现出来,不再是人的想象,而是一种创作思维的展现。

图 7.10　Jonathan Yeo 正在进行虚拟现实绘画创作[②]

　　① 周午鹏. 虚拟现实的现象学本质及其身心问题 [J]. 科学技术哲学研究,2017,34(3):77.

　　② Yeo J. From virtual to reality [EB/OL]. (2018-03-11)[2020-05-17]. https://www.jonathanyeo.com/From-virtual-to-reality.

图 7.11　自画像数据建模

图 7.12　3D 打印虚拟现实自画像

随着从身体意义建构理论出发的对于虚拟现实绘画是真实的还是虚假幻想的二元论谜题的打破,更加强调了虚拟现实绘画的创造力迸发。意义在身体和世界内在而又超越的关系之中生成和表达,身体知觉赋予了虚拟现实空间意义,显示出一种真实性,同时意义也通过身体空间来表达。梅洛-庞蒂对于绘画的关注和艺术作品的关注,也是想在平凡乏味的生活中用深刻知觉的刻画来达到对于物的意义的升华。

虚拟现实绘画作为一种新的艺术创作形式,区别于传统的绘画形式,从二维空间的平面转向三维空间的立体创作。虚拟现实绘画区别于一般虚拟现实交互路径,创作者以身体空间这一处境的空间为基点,将身体意向投射在虚拟现实空间中,与虚拟现实空间产生交互,身体为意义产生的载体,意义通过身体意向性活动得以展现,在以身体为图形-背景的知觉场中,不断拓宽知觉的触角,并引用了梅洛-庞蒂后期关于"侵越"的概念来论述身体空间和虚拟现实空间互相交织、互相影响,呈现互相"侵越"的态势。虚拟现实绘画通过意向性的创作活动产生意义,丰富了身体图式的结构,突破了二元论关于虚拟空间是真实的还是虚假的定义,破除了虚拟空间中身心分离的谜题。不得不说,梅洛-庞蒂的身体理论是一种暧昧的和含混的身体理论,后期的空间理论有些许改变,强调"旋涡的空间"。总之,虚拟现实绘画是身体空间的延伸以及和艺术作品空间纠缠而体现灵感迸发的真实的艺术创作新形式。

同时,现阶段虚拟现实的伺服机制依然存在一些问题,比如体验过程中存在的晕动症现象是虚拟现实亟待解决也是突出影响体验者体验感受的问题。晕动症是体验者在虚拟空间中出现眩晕、头痛和眼花等症状。究其原因,笔者认为有以下几个方面:一是在于技术本身,头显的屏幕刷新率低导致延迟,当感官知觉与帧率不同步时会产生视觉眩晕感。二是在于技术预设的知觉机制与身体的知觉机制的差异,学者苏丽于 2017 年提出现阶段虚拟现实技术的设计还是将感官知觉独立开来,与自然知觉经验图形-背景的可逆结构背道而驰。[1]除了上述原因,回溯到身体动觉感知机制上来思考,在虚拟现实体验中,头显呈现的虚拟空间向身体展开,身体"被运动"了,即视觉告知身体是运动的状态,而身体本身是静止的,也就是说视觉知觉和感知运动的前庭中枢给予的信息不匹

---

① 　苏丽.虚拟现实技术中延迟问题的现象学反思 [J].哲学研究,2017(11):114.

配,这二者间的信息矛盾使得身体判断失误,于是产生了眩晕等不适应症状。而在虚拟现实绘画中,无论是创作者还是观者在针对晕动症的身体动觉机制本质困境的前提下,身体不再被动"运动",而是主动向虚拟空间展开。身体在动捕区域内自由移动,主动探索和引导,使身体在保持内部信息统一的基础上,转化为身体-主体的体验感知,并且完成与虚拟事物的交互与反馈。

然而,技术层面的画面延迟以及刷新率不高导致的晕动症状依然存在,尤其是当用户长时间沉浸在虚拟空间中,头显过重也会使得身体的舒适感降低,进而影响创作过程和欣赏过程。要解决晕动症的发生,首先要使身体内信息得到统一,技术要基于身体的动觉发生机制来达到对身体的适应。在虚拟空间中,晕动症的反应与前庭和视觉信息差异息息相关。[①] 技术要从源头统一身体的动觉信息传递。其次不断提高虚拟现实绘画的技术水平,使头显轻便化,不断优化分辨率和刷新率等技术参数,才能为体验者提供更具沉浸感、交互感和多感知的绘画体验。

虚拟现实绘画定位器安置在以创作者和体验者为中心的四角,比如虚拟现实装置 HTC VIVE 在 20.25 平方米左右的区域内感应身体的动作指令和定位位置,头显连接线的存在使观者或者创作者必须在有限的空间内体验,这一虚拟空间的有限性使得创作或者欣赏过程受到限制。身体对于技术的适应在一定程度上体现了海德格尔的座驾理论。但新技术和艺术形式的成熟需要技术不断发展,这也要求开发者和设计者要在技术研发过程中使虚拟现实绘画装置更加贴合人体工学,以身体的知觉机制为技术设计的原点,才能使虚拟现实绘画体验者们可以自由地创作和欣赏,使人-技关系更趋于和谐。

---

① Rebenitsch L R. Cybersickness prioritization and modeling [M]. Michigan: Michigan State University Press, 2015: 68.

7.2　论 VR 运动中的身-技关系

7.2.1　现象学视域下 VR 健身的身体理论

以健身环大冒险(Switch Ring Fit Adventure)为代表的 VR 健身的销量暴涨引发了有关这一技术热点的现象学思考:虚实情境下 VR 运动的动力机制是什么? 技术与身体结合的界面具有怎样区别于传统运动的吸引力法则? 从镜像神经元的动作映射和情绪感染的神经基础出发,在同感的简单、自动化的感知-运动机制下,虚拟身体呈现准他者性。虚拟身体对真实身体的数据算法和技术路线的建构与真实身体的同感构建之间的回环结构,使得真实身体对虚拟身体发出指令的同时,虚拟身体也在实现对人类的"操纵"。从虚拟身体对真实身体的情绪激励到虚拟身体构建与真实身体的情绪表达契合的数据模型,身体与技术在这两个方向的适应上具有完全不同的知觉发生原理。从准他者性、同感以及情绪激励三个维度探讨技术现象中身体知觉的发生机制和运动的激励机制。

随着新冠疫情在世界范围内的扩散,室内健身引起了越来越多的关注,疫情期间健身环大冒险每件卖出 1800 元人民币的高价,较之 79.99 美元/7980 日元的定价有着约 2 倍的溢价率。法国亚马逊售价升至 104.99 欧元,澳大利亚 EB 游戏零售商对健身环大冒险实施限购措施。[①] 用户手持 Ring-con(健身环),腿部佩戴 Joy-con(控制器),电视屏幕会构建一个和身体动作同步的虚拟人物,用户会根据不同场景和动作的选择来完成健身运动(图 7.13)。疫情对用户做出购买的相关性有多大并无研究数据证实。但溢价率反映着以健身环大冒险为代表的 VR 健身的卖方市场。这种疫情期间的"硬通货"价格暴涨、面临缺货的身体动因是什么? 从需求端分析用户购买涨价如此高的游戏的心理学原理是什么? 这种 VR 健身新方式与传统健身相比发生了怎样的变化? 本

---

① 赵雨涵. 受疫情影响 Switch 或将缺货　"网红"健身环价格暴涨 4 倍 [EB/OL]. (2020-02-19)[2020-05-25]. https://new.qq.com/omn/20200219/20200219A09NGN00.html.

节将结合虚拟情境下的同感现象学原理来分析虚拟现实健身的发生机制和激励机制。

图 7.13　健身环大冒险界面[①]

1. 健身环大冒险运动情境下的交互

传统的家庭式健身有散步或者借助于跑步机的有氧运动和借助哑铃等力量器械的无氧运动,强调身体本身的运动或者与硬器械交互的运动方式,以健身环大冒险为代表的虚拟现实健身新形式与传统健身相比,首先具有场域-背景上的不同。身体图式是一个知觉-动觉系统,身体知觉行动发生在一定的背景中。梅洛-庞蒂将之称为点-介域结构,或者图形-背景结构。现象场内的知觉活动包含现象场内的所有事物,绝不是孤立的思维活动或者感官知觉的简单相加,而是符合情境的特征结构,强调情境对于人的知觉活动的重要性。情境就是境遇,它是在一定时空范围内各种条件结合的情况。[②] 交互活动是处在周围世界的情境中发生的一个阶段、方面和部分,传统健身与虚拟现实健身最明显的区别在于场景的不同,虚拟现实健身给健身运动营造了一个虚实结合的场景。在运动的现象场中,情境是传统健身和虚拟现实健身区别开来的明显的特征。接下来将分析情境对于身体的影响。

健身环大冒险实现了身体与虚拟空间的交互,比传统的家庭健身的现象场增添了虚实结合的内涵特质。虚实结合情境下的虚拟现实运动的动力机制是

---

① Oscarliu. 健身环大冒险体验:或许是一个购买 Switch 的新理由 [EB/OL]. (2019-10-25)[2020-03-10]. https://sspai. com/post/57152.

② 魏屹东,王敬. 论情境认知的本质特征 [J]. 自然辩证法通讯,2018,40(2):41.

什么,技术与身体结合的界面具有怎样区别于传统健身的吸引力法则,笔者以此展开讨论。海德格尔的"在世存在"强调环境与人共在,虚实结合的现象场域侧重承认"在世存在"基础之上的对于情境的内容分析,强调身体与情境的交互性过程,即在情境存在的基础上,在身体与情境的互动过程中对身体运动机制的研究。虚拟现实健身的情境的内容、形式和复杂性程度是虚实结合的情境最直观考量的现象因素。

生态心理学的"给予性(affordance)"概念与情境认知相关,暗示人与世界交互时的知觉内容不是纯粹的事物的本质,而是一种事物的行为活动,可理解为事物的一种可能的意义,它描述的是环境属性和个体发生连接的过程。[①] 给予性概念和梅洛-庞蒂的人与世界关系可逆性的理论内核有相通之处,如世界之物对人的呈现、世界图式的展开、人是可逆性的存在、世界如何给予人以及给予的方式等尤为重要。VR 健身中技术物向身体的呈现也是主体与客体的统一,如果技术想要调动身体的机能,要比传统健身的健身单车和跑步机提供更为严密的激励机制和更具沉浸感的交互活动。这种情境的客观存在与身体对于情境性的需求,在虚拟现实的运动视域下首先强调交互性的实现。交互性既是情境存在的特征之一,又是情境效能评判的标准。无论是给予性还是梅洛-庞蒂的人的可逆性,都强调客体之于主体的作用。在虚拟现实健身过程中,身体既是主体也是客体,技术要提供更为沉浸的虚拟体验,这要求技术设计者在设计的过程中更加强调沉浸性以及多感知的特征,技术呈现为一种向身体展开的过程,身体才能获得更加逼真的体验,才能获得更为真切的知觉经验。

交互性的实现是 VR 健身的基础也是必要条件,虚拟现实健身视域下的交互过程中的技术物呈现出身体的语言,如室内跑步和卷腹等基于身体空间的运动内容是源始性的身体图式的展开,是身体内省式的运动,聚焦于身体本身,它主要利用运动系统的自组织这一内在功能。身体图式的前意向性特征使身体对身体空间的自在把握和对身体的关注会让身体的疼痛放大,这是身体的注意力机制。[②] 身体会专注于肌肉的酸痛,而消磨了更多的意志力,因而传统健身

---

① Gibson J. The ecological approach to visual perception [M]. New York：Psychology Press，2015：119.

② Xiao F，Liu B，Li R，Pedestrian object detection with fusion of visual attention mechanism and semantic computation [J]. Multimedia Tools and Applications，2019：15.

需要更大的毅力,需要转移目光的凝视,需要在一种动态的交互活动中建立与技术物的对话。室内自行车和哑铃等技术物相对分散了人对本己身体的关注。将技术物的使用囊括在感知的范围内,到虚拟现实健身的虚实结合情境的构建,身体呈现出逐渐忘记本己身体的过程,不再只着眼于纯粹运动本身,而在无直接运动目的性的状态中达到了运动的效果。虚拟现实的情境性提升了交互活动的吸引力。纯粹的健身需要极大的意志力才能达到一定的健身效果,跑步机、划船机、漫步机等健身工具提升了交互性,使健身效果大大提高。现阶段的虚拟现实健身将健身和游戏结合起来,将真实身体和虚拟身体结合起来,将虚拟现实技术和健身环结合起来,这种虚实结合的过程使得身体在沉浸的过程中忘却交互本身,使运动的目的性减弱、娱乐性增强。

　　交互性的实现离不开沉浸的在场,没有虚拟现实的沉浸感的实现,虚拟具身的交互活动便无法完成。自我与他者角色的结合,是沉浸感的物质性基础,为进入虚拟世界提供了可能。沉浸感是实现交互的必要条件。沉浸感的在场是身体相信运动的体验是发自本己身体的一部分,获得的知觉经验也是内化为身体的,虚拟情境的在场分为社会在场和空间在场。社会在场指的是与他人的情感、意志和感知状态的交换,是一种与他人在场的错觉。空间在场是相信处在真实空间里的虚拟的意识状态。[①] 身体沉浸在虚拟世界中获得的真实感知,来源于虚拟具身状态的实现,身体的参与、意向的投射与知觉经验的获得体现着具身性,而虚拟空间的虚拟活动赋予了具身性虚拟性内涵。技术依照身体进行设计,数字信号到虚拟图像的转化使得身体的沉浸感得以实现。只有实现虚拟具身,才能获得真实的沉浸感。在场感的营造使交互活动得以产生,进而调动身体运动的机能。这里的虚拟具身并非真正意义上的具身性。伊德强调具身性来自真实身体的交互,包括上面分析过的背景关系、他者关系、解释学关系以及具身关系,都强调肉身的参与。而虚拟现实技术打破了真实身体在场的固有思维,体现为一种虚拟在场。虚拟现实健身亦是如此,它并非真实身体的在场,也非完全意义上的去身化,而是一种虚拟的具身。意向的投射是身体意志的显现,体现为一种身体的在场,而且虚拟现实技术还将对真实身体数据进行采集和建模,再构建为虚拟身体,虚拟身体与真实身体的运动呈现出一致性的

　　① Kim S Y S, Prestopnik N, Biocca F A. Body in the interactive game: how interface embodiment affects physical activity and health behavior change [J]. Computers in Human Behavior, 2014(7): 376.

特征。这种虚拟具身是在身心一元论的基础上的得以实现的,是基于梅洛-庞蒂的身体现象学理论中身体的意涵,打破了笛卡儿身心二元的理论。这种虚拟具身的实现是技术活动得以展开的基础,在虚拟现实健身情境中,这种具身性是运动交互得以完成的基础。

基于以健身环大冒险为例的虚拟现实健身区别于传统健身的虚实结合的复杂情境,从身体自身运动的实现到身体与健身工具简单交互,再到游戏模式中虚实结合的沉浸式交互,理想状态下交互体验内容的丰富程度与知觉经验的积累呈正相关关系。从生态认知理论与梅洛-庞蒂的人与世界的可逆性出发,虚拟情境中技术与人的"对话"显得尤为重要,技术对于身体的作用便凸显出来,要求技术具有逼真的知觉反馈。在场感的营造基于沉浸的具身化,即对交互性有很高的要求,这种虚实结合情境中的沉浸式交互活动对运动中的知觉发生机制与身体的运动机制具有怎样的作用,将在后文展开论述。

2. 现象学视域下同感的身体激励机制以及准他者性

健身环大冒险构建了一个虚拟的游戏情境,用户手执健身环(图 7.14),计算机会通过手对健身环的挤压和拉伸等力度来进行测评和建模,将 Joy-con(图 7.15)绑在腿上来感知用户的运动信息。身体界面的功能性包含输入输出硬件的 Ring-con 和 Joy-con 的身体技术内容。在正式进入游戏后,用户会通过使用健身环配合身体的运动来操纵虚拟情境中的虚拟人物(图 7.16),虚拟人物是真实身体的运动幅度、速度以及方式的投射。各种感官的互补性促进了外围设备的发展,以便将身体的所有复杂动作捕获并投射到终端现实中。身体和虚拟情境的交互通过意向的投射来完成,这个虚拟情境中的虚拟身体是真实身体的意向的投射。身体的虚拟性体现在其是代码和算法构成的,是科学语言的体现。虚拟身体是"我们在世界上扩张自身力量"[①]的映射,是梅洛-庞蒂认为的实用工具中的创造性的意向投射,梅洛-庞蒂在拐杖工具理论中将拐杖描述为身体功能的延伸,将技术看成是身体的延伸,在此基础上又拓展了相关理论,将技术看成人在世界上的力量的延伸。这些相关概念的论述都偏向于技术的功能维度,即技术对于身体功能延伸的维度。所以虚拟健身中的身体包含虚拟身体的语言本质和虚拟身体的功能性维度这两层意涵,这两层意涵分别是从功能维

---

① Merleau-Ponty M. Phenomenology of perception [M]. London：Routledge，2005：143.

度和技术本质层面来阐释的,二者并不冲突,都包含在虚拟身体的内涵之中了。虚拟身体的科学语言的本质在于技术对形象建模的过程,将真实身体的数据输入计算机,经过计算机算法建模,将虚拟身体还原为真实身体可视和可感的图像和视频内容。虚拟身体的功能维度则体现在其是真实身体的映射,是身体意向的投射和身体意志的显现,二者统一于技术活动之中。

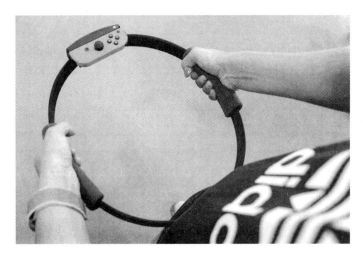

图 7.14 用户手持 Ring-con[①]

图 7.15 用户绑定 Joy-con[①]

---

① Oscarliu.《健身环大冒险》体验:或许是一个购买 Swithc 的新理由〔EB/OL〕.(2019-10-25)〔2020-03-10〕. https://sspai.com/post/57152.

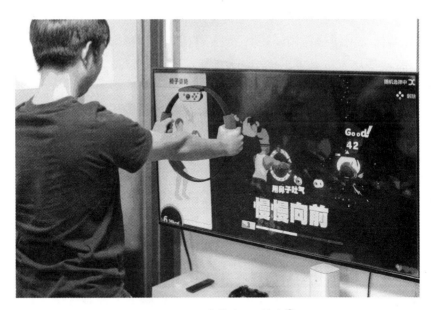

图 7.16　用户体验 VR 健身①

　　真实身体为什么会对虚拟情境作出反应? 虚拟运动用户会在不自觉的过程中运动至大汗淋漓的激励机制是什么? 无论是真实身体无意识的前反思运动还是对情境刺激下的身体意向的投射,虚拟身体是在真实身体的反应情况下才产生的。意大利神经科学家贾科莫·里佐拉蒂(Giacomo Rizzolatti)等人发现猴子观察他者时脑部对应区域神经元被激活。大脑将知觉到的动作和意向编码成运动系统中的具体动作。② 这一镜像神经元的概念阐释了身体面对他者的运动机制。虚拟情境中创建的角色面向怪物时的恐惧、虚拟身体受伤时的痛感等这些虚拟身体的表现会给真实身体带来脑部相应区域的反射,真实身体会对虚拟空间迎面而来的障碍物不自觉地躲避,怪物靠近时真实身体会恐惧而拼命地操作相应的动作指令来击退怪兽。对于虚拟身体的动作和情绪,真实身体的大脑区域通过镜像神经元接收信号,进而传递给身体的运动系统,使身体在接下来的运动过程中避免疼痛或者躲开怪兽。镜像神经元的实时映射让真实身体的运动调整滞后,这些结果性的导向倒逼虚拟空间的交互过程中真实身

　　①　Oscarliu.《健身环大冒险》体验:或许是一个购买 Swithc 的新理由 [EB/OL]. (2019-10-25)[2020-03-10]. https://sspai. com/post/57152.

　　②　Justin W. The mirror or portrait neuron system-time for a more organic model of action-coding? [J]. Cortex, 2013, 49(10).

体避开相关陷阱、调整身体运动。也就是说,在受伤和疼痛感知的层面,虚拟身体给真实身体带来镜像作用的同时,对于身体在接下来的运动过程中有着更为突出的作用,这体现出技术的倒逼机制,真实身体在观察虚拟身体受伤的疼痛表现之后,相应脑部区域产生疼痛知觉的反射,在接下来的虚拟情境下的任务中,真实身体会回想起曾经的"疼痛"而表现出更积极的运动反应,完成更贴合技术要求的运动动作。

镜像神经元是动作映射和情绪感染的神经基础,文学理论中的通感、现象学的同感、美学中的移情是从不同的侧重点和学科层面的不同表达。强调一个主体与他者的情境中主体对他者的动作和情绪的反应,身体自觉或不自觉地发出相似的运动指令或者对于情绪感同身受。现象学的同感具有包含不同人称视角的特性。同感的核心是一种简单、自动化的感知-运动机制(perception-action mechanism,PMA)。[1] "我将自己投射到另一个人的身体中。我对他人思想的理解基于他人身体的可见证据,而我掌握他人感受的能力来自我对自己的想象得到的判断。"[2]动作的衍生创造了一个共同的范式,其表现(如运动)在人体中被模仿,是一种"动力学形式化"的形式。[3] 这里我们会产生疑问,同感是对于他者动作机制的感知进而对自身的运动产生影响,那么,虚拟现实健身中的虚拟身体是真实身体的映射,怎么会是一个纯粹他者?笔者从虚拟健身的运作原理和过程来讨论虚拟身体的准他者性,进而阐释同感的身体的激励机制,以及同感构建起的真实身体和虚拟身体之间的回环结构。

虚拟身体表现为一个他者。首先,虚拟身体和真实身体存在联系,但同时又是独立于人的数字化产物,当虚拟身体在所处的情境中受到伤害表现为疼痛状态时,真实身体并不能真切地感知到肉身的疼痛。虚拟身体的他者性还呈现出一定的时间性,以健身环为例,当真实身体听到电话突然响起而起身接电话时,真实身体从虚拟情境中脱离出来,而虚拟身体瞬间保持着最后的动作状态存在于虚拟空间中,仿佛虚拟身体的时间静止了,身体在两个世界的表现说明

---

① 陈巍. 同感等于镜像化吗? 镜像神经元与现象学的理论兼容性及其争议 [J]. 哲学研究,2019(6):101.

② Jahoda G. Theodor Lipps and the shift from "sympathy" to "empathy" [J]. Journal of the History of the Behavioral Sciences,2005(2):151.

③ Sutil N S. Motion and representation:the language of human movement [M]. Cambridge:MIT Press,2015:3.

了虚拟身体和真实身体在时间关系上的割裂,这种割裂伴随着空间的异化,虚拟身体处在真实身体以外的"他者"世界了。其次,用户在使用健身环的过程中发现,自己无法对虚拟角色进行完全自由的操纵,比如在路的岔口想要往左走,或是跳到旁边的小溪中,身体跳跃的动作映射到虚拟身体,虚拟身体依然在原地跳跃,虚拟身体与路的边缘相交,表现为虚拟人物的抖动,身体无法逾越过那条程序设定好的"线",身体陷入技术设计的路径和场景里,只能按照技术设定好的路线向前,而不能自由地任意走动。虚拟身体除了是真实身体的动作映射,还体现着技术的意志,这是虚拟身体的他者性。

从时间的非一致性、疼痛的离身感知以及技术的意志在虚拟身体的显现表明了虚拟身体的他者站位。同时,这个他者又不是完全意义上的第三人称的独立意识主体。这里的他者又有着一定的第一人称的特性,表现为虚拟身体和真实身体之间无可分割的联系。虚拟身体以真实身体的运动为前提,真实身体的意向投射使虚拟身体是真实身体在计算机中的图形代码。虚拟情境的场景选择、路径探索、角色升级、终极任务无不反映着真实身体的意志。这类似于传统文化中的提线木偶、皮影戏中的皮影或欧洲傀儡耍戏中的傀儡。那种在手掌中有形的提线、悬丝和竹棍的连接和人们心中故意忘却的无形的连接并存,有形的连接发展成为虚拟现实手柄、健身环等中介工具,无形的连接依然是身体的沉浸,木偶、皮影和傀儡演变成计算机里的字节构建的虚拟角色。而虚拟身体和真实身体的结构对应和运动的一致性更贴合了,手臂对应着手臂,速度映射着速度。人自古以来便拥有将真实身体虚拟化的意向,并体验着虚拟世界的异样人生和操纵的快感。技术设定路线中自我意志的显现表明虚拟身体是第一人称和第三人称视角的结合,暂且称之为一种准他者特性。将他人视为镜像并没有真正看见他者,而只是看见自己投射的意向罢了。

身体的准他者特性将身体的第一人称和第三人称的站位结合起来了。虚拟身体和真实身体是否都有准他者的特性呢? 前文分析过,虚拟身体是真实身体的意向投射,并且表现出和真实身体一模一样的运动过程。虚拟现实技术对于真实身体的数据采集,包括运动位移的数据以及心跳、血压等身体自身都无法感知到的解释学技术数据,并通过算法表现在虚拟身体的图式里,这毫无疑问体现着虚拟身体的第一人称的特性,而且虚拟身体还具有真实身体无法实现的在虚拟情境里的运动交互,更具有一种主体性的特征。由于技术意志在虚拟身体存在烙印,真实身体想要挣脱和改变游戏路径是无能为力的,而且技术现阶段还无法实现对真实身体的安全模拟,虚拟身体还具有一定的技术意志,并且真实身体也无法真正实现疼痛感,这体现出虚拟身体的第三人称的特性。真实身体是操控着虚拟身体的主体,将虚拟情境中的角色代入为本己身体,体现出第一人称的特性,同时,本己身体在虚拟情境的实现是基于镜像神经机制基础上的同感的实现,终究不是真实身体的切身参与,但又拥有虚拟情境的知觉和运动体验,所以真实身体亦表现出准他者的特性,即第一人称和第三人称的站位的结合。

准他者第一人称和第三人称结合的特性和梅洛-庞蒂关于人的可逆性的现象学论述具有内在的一致性。梅洛-庞蒂强调在人与世界的关系中,人是能触的可触者和能看的可看者的统一,是主体性和客体性的统一,是自我和他者的统一。准他者的对象交互中,同感的他异性和主体交互性呼应准他者的不同视角特征。他异性对应着他者,主体交互性对应着虚拟身体的第一人称视角。首先由虚拟情境的结果倒逼真实身体对于疼痛和害怕的同感,技术表达出一组神经心理学的信号,这些信号暗示着人类大脑的特定部分,统称为共情回路,例如前岛和中脉皮层,两者均与疼痛相关。[①] 虚拟身体受到怪兽攻击的伤害和恐惧形象的展现使真实身体在交互的过程中会更加努力地规避受伤的风险,通过更大的运动幅度和更标准的动作执行健身环的动作指令来使虚拟身体顺利过关。其次,在遇到怪兽攻击的过程中,自我的代入使身体不自觉地躲闪或者主动进攻,不自觉的反应是日常生活中常见的身体反应,如足球运动比赛中观众会不自觉地攥紧拳头,将自己代入相应情境中。从虚拟到真实,身体的多感觉反馈并存。在这种情况下,用户通常会在虚拟身体上遇到主观身体错觉,即使他们知道这不是他们的真实身体。在大多数研究和应用中,真实和虚拟物体的姿势是尽可能相似的。[②] 第三个方面的激励来自于氛围的营造带来的情绪感染,虚拟身体的悠扬飘起的头发、轻盈的脚部动作和敏捷的跳跃动作营造了轻松快乐的氛围,使真实身体忘却了现实中肌肉的酸痛和汗流浃背的现状而感知到轻松

---

① Bernhardt B C, Singer T. The neural basis of empathy [J]. Annual Review of Neuroscience, 2012 (35): 23.

② Bergström I, Kilteni K, Slater M. First-person perspective virtual body posture influences stress: a virtual reality body [J]. PloS One, 2016, 11(2).

快乐,激励着玩家不断向前奔跑。

同感对于虚拟健身的激励机制的建构起着重要的作用,而这一系列的激励机制正是身体会忘却劳累不知疲倦的原因。真实身体的同感和虚拟技术过程构成了一个真实身体和虚拟身体的运行闭环。力电阻感应身体对于 Ring-con 的挤压和拉伸信号,芯片和电路将压敏感监测数据转化为 Joy-con 可识别的数据,连同 Joy-con 的内置陀螺仪对三维空间中的运动位移,包括环的翻转、举高等数据和其自带的红外检测头对心跳、血压等监测数据一并传入主机,身体其他部位的 Joy-con 会将相关运动位移的数据传入主机。技术的传输路线将身体的位移转化为数据,再由计算机处理成为虚拟身体的运动数据,呈现与身体一致的运动过程,虚拟身体的映射对真实身体产生了一定的激励作用,某种程度上说,真实身体操纵着虚拟身体,虚拟身体也对真实身体发出了动作指令,指令得以实现的基础就是激励机制的建立,而激励机制的建立离不开同感的存在基础和建构作用。虚拟身体营造的快乐氛围,使得真实身体沉浸在放松的情绪中,同时对于恐惧和痛苦感知的倒逼,使得真实身体在运动的过程中更加卖力。逼真的虚拟情境,使得真实身体沉浸在虚拟具身中,极强的代入感激励真实身体更加标准地实现与虚拟身体的同步。而健身环大冒险游戏对于真实身体的运动数据输入再次陷入了技术数据输入与身体运动实现的闭环中。真实身体对虚拟身体发出指令,同时虚拟身体也对真实身体发出指令。

3. 虚拟身体的情绪识别和反应机制

虚拟身体对真实身体发出指令基于真实身体在同感作用下的情绪表达和情感激励,那么虚拟身体对真实身体是否存在情绪的识别和反应机制?在这一过程中的技术如何实现?运用现象学的还原方法追溯到情绪的概念上来。约翰·杜威(John Dewey)将情绪阐释为一种有目的的并把它自身反映到感受中的行为模式,并时刻准备将之付诸行动。[①] 杜威认为的情绪带有动机和动作意向的表达,虽然具有把情绪理解为情绪的一个侧面(即动机层面)的局限性,但同时也阐释了情绪的动态趋向性。以情绪为具体表现的情感成为与虚拟情境交互的媒介。这意味着情感在虚拟化身体的同时实现了虚拟情境的潜能,体现在它们之间的动态相互作用上。

---

① Dewey J. The theory of emotions [J]. Psychological Review, 1895, 2(1): 13.

现在已有的虚拟现实技术在虚拟情境中根据人表达的情绪创设一个虚拟的头像,可以是一个和人的面部表情同步的动物形象,也可以是漫画形象,称作VR 镜像(VR mirror),这是一种静态的对情绪本身的捕捉,而动态的情绪动机则通过连贯的身体运动表达出来。虚拟现实技术中的惯性动捕系统对于身体隐藏的运动链的预测和建模使得身体运动的意向性通过技术显现出来,这是在身体的动能记录和大数据基础上的预测,无论是对情绪记录的静态镜像还是对身体运动预测性的动态建模都是对身体的情绪表达。未来虚拟现实健身可以将上述两项技术融合,通过对面部的情绪识别加上对运动数据的综合分析,将可以通过用户情绪的变化和身体运动的变化及时进行运动方案的调整,以达到更高的运动效能。表现为 Ring-con 和 Joy-con 的智能面部监测系统和运动监测系统的结合,通过面部情绪的变化和身体的运动表达与健身的强度、场景以及动作选择进行结合并建立个人的运动模型,记录身体的运动数据并可在运动的时间节点上绘制个人的运动数据图表,以更好地实现运动的效果,当然这是根据情绪的相关哲学理论来进行的技术实践的方向预测,是一种人-机结合的理想状态。

从虚拟身体对真实身体的情感激励到虚拟身体构建与真实身体的情绪表达契合的数据模型,身体与技术两个方向的适应具有完全不同的发生机制。真实身体的知觉是居于首要地位的。无论是沃尔特·本杰明(Walter Benjamin)对于"模仿能力"的无意识的反射反应的论述,还是迈克尔·海姆(Michael Heim)将自己沉浸在虚拟现实后的知觉恶心描述为"一种急性形式的身体失忆症"。[①] 海姆观察体验过虚拟现实后的人的第一个动作总是进入周围环境后用手拍打躯干。这并不是说他们从身体中解脱出来,而是虚拟现实的体验使身体在交互活动中不自觉地获得了知觉经验。吉布森的生态学观点"给予性"理论阐明了面对刺激和激励时,知觉可以直接指导身体动作而不需要转换和编码。身体知觉和知觉基础上的身体意向的投射都是原生性的,面对外在的刺激和激励,身体不自觉地反应并不断积累内化于身体的知觉经验。而虚拟身体代表的计算机程序则需要检测真实身体并将数据输入计算机系统,通过相应的程序和算法建立模型,再输入为真实身体可感的图像和视频语言,这一复杂的虚拟身

---

① Heim M. The design of virtual reality [J]. Body & Society, 1995(3-4): 65.

体的知觉和情绪表达以及经验(数据模型)的建立需要严密的计算和复杂的输入输出系统。虚拟身体对于真实身体的"模仿"在现阶段依然是对真实身体的内在性和超越性统一的把握,依然没有办法完成对真实身体的还原。如虚拟身体要实现真实身体的还原的"奇点",需要虚拟身体具有身体图式和对外在事物的首要知觉,虚拟身体是否是完全意义上的他者则依然存在争议。

现阶段的虚拟现实健身改变了人们的运动方式进而改变了生活方式,技术的发展带来了人类文化的变革,虚拟现实健身引起了广泛关注,并且随着技术的进步,虚拟现实健身将提升吸引力并且增强情绪激励的内容,用户越来越习惯于虚拟现实健身的方式,技术深深地嵌入了人们的生活中。伊德把技术看成是文化的工具,具有一定的影响力,这是从技术传播的过程中来探讨文化的影响的。在技术的使用过程中,已经通过改变人的生活方式来影响文化了,技术携带的文化内涵对于人的影响则是更深层次的内容。

人们对于技术中的场景、角色以及运动动作实现的选择依然带有文化的烙印,文化嵌入技术的同时,技术也影响着人们生活的文化内涵。不同地区的用户对于感官知觉的侧重不同,比如北美的用户强调视觉,印度南部的用户强调触觉等,对于技术设计的倾向也具有文化的烙印。尽管对于西方世界围绕着感官的概念而工作,但它们本身是由文化构成的。[①] 如果虚拟现实运动是在不同的文化背景下开发的,那么我们感官世界的不同方面可能是虚拟现实体验中一个更加突出的特征。如果一项虚拟现实健身项目是针对全世界用户开发的,则考虑到不同文化的偏好,首先体现在人物和场景的选择上,虚拟人物的特征是更强壮、肌肉更大,还是身高更高、手脚更长,取决于每一种文化对于强壮的定义,不同文化的人会根据自己的喜好来选择看起来更容易胜利的角色,包括场景的选择亦是如此。每个人的喜好有所不同,但个人的喜好都携带着自己民族的文化基因,会在无意识中显现出来。伊德阐释技术的文化嵌入的特征是将技术放在文化的场域之中的,即偏向于文化对于技术的影响和作用是怎样的。所以说,虚拟现实技术在发展的过程中受到了文化的影响,技术设计者们根据文化的地域性特征将不同元素融入技术,并呈现为对不同文化主体的契合。当然文化对于技术的嵌入也会有着不同的变化特征,这表现为实践内容的不同引导

---

① Classen C, Howes D, Synnott A. Aroma: The Cultural History of Smell [M]. London: Routledge, 1994: 66.

技术的发展方向也有所不同,体现出技术的实践性特征,以及文化的发展也是基于实践的。

技术影响着文化。伴随着技术的发展,技术对于人们生活方式以及思想观念的影响,具体到虚拟现实健身的情境中,则是技术对于运动方式这种生活习惯的影响,进而衍生至技术对文化范畴的作用。同时,文化又是嵌入技术的,这表现为技术的传播带有文化的传播特性,技术拥有着文化的烙印,技术设计者想要设计出更加契合当地的技术内容,则要根据当地的文化习惯来进行嵌入,将技术与文化完美地结合进而使技术受到更广泛的接受。技术本身并不会决定一种生活方式,但一定会对生活方式产生影响。伊德的文化嵌入理论强调技术的调节作用,在这一作用过程中,身体永远处于基础性的地位,而调节的内容则是知觉经验的显现。VR 健身对于生活方式的改变基于身体图式的基础性格式塔、身体空间的基点位置以及身体知觉的运动感知系统的实现,技术和文化是双向影响和互相建构的。

4. VR 健身情境中的运动身体

以健身环大冒险为代表的虚拟现实健身还包括多种类型的虚拟健身模式。比如 VR 自行车(图 7.17),也是一款非常受欢迎的虚拟健身运动游戏。用户戴上虚拟现实眼镜,通过真实的自行车连接虚拟情境,真实的自行车类似于传统健身的自行车,脚踏连接着飞轮,可模拟自行车骑行的力度,区别在于 VR 自行车具有更为复杂的运动系统和传输系统。脚踏将感知到的用户的发力传送给飞轮,飞轮的速度和方向由用户来控制,底部的测速电动机的驱动轴通过增加摩擦力来模拟真实情境中的骑行运动。用户佩戴虚拟现实眼镜进入虚拟情境,可以创设自己的虚拟人物形象,还可以选择同伴或者挑战的对象,同样为虚拟现实健身的体验者。当用户选择不同的场景时,高山或者泥地场景下的自行车的动力和阻力会有所变化,用户会通过脚部和腿部力量的变化来进行感知和调节,虚拟身体也会根据真实身体的运动进行模拟,呈现出真实人物的镜像,同时在虚拟空间中,可以实现太空自行车以及极限运动的自行车骑行场景。真实世界里不易操作或者现阶段无法完成的运动,在虚拟空间中获得了超越现实的体验。

对于身体运动数据的监测包括身体本身的心率等基础数据的测量以及运

图 7.17　VR 自行车①

动里程、消耗的卡路里数等运动数据的测量,进而对用户的运动数据进行建模,在接下来的运动过程中将运动的习惯和挑战的难度自动匹配合适的训练方案。语音识别技术的加持更提升了虚拟现实健身的便捷,用户通过语言发出指令使虚拟身体接受指令,进而对场景的变更作出调整。这些技术的加持和创新使得身体的沉浸感更强了,也使虚拟空间的真实身体的运动因为有了虚拟情境的加持而变得更轻松有趣。前文也谈到,简单的交互和纯粹的运动使得身体在某种程度上更容易感觉到劳累,而情境的加持使得身体在虚实结合的交互活动中更加容易获得更好的运动效果。

　　VR 自行车和健身环大冒险一样,在虚实交互的过程中因为镜像神经元的存在使得身体运动映射在虚拟空间,从而使真实身体更卖力地骑行,做出更标准的动作,才能使得虚拟身体在虚拟情境中克服困难、达到终点。VR 自行车用户的身体在同感的知觉体验下呈现准他者性,身体的他者性体现在用户按照技术设定的路线来进行探索,虚拟身体并不是完全意义上真实身体的映射,还体现为一定的技术意志,同时虚拟身体无法切身体验到虚拟情境中的冷热,而是转化为调节后的镜像神经元反射在脑内相应区域,这些都体现出虚拟现实健身中虚拟身体的他者性。同时健身的虚拟身体又体现着真实身体的意志,是身

---

　　① 　VR 骑行:虚拟现实自行车体验[EB/OL].(2016-02-02)[2020-05-17]. https://v. qq. com/x/page/f0183Cpzjqg. html.

体意向的显现,通过数据的输入输出以及数据算法实现对真实身体运动数据的监测,并在计算机中建立一个可视化的虚拟人物的运动图像和视频,虚拟身体和真实身体的动作保持一致,这在一定程度上体现出虚拟身体第一人称的特性,所以 VR 自行车的场域中也实现了通过技术对身体的影响,使得虚拟身体呈现出一种准他者的特征。身体持之以恒的运动与情绪的激励也是密不可分的。这也说明在以健身环大冒险为例的虚拟现实健身的现象学分析中得出的关于准他者性、情绪激励以及同感的结论也适用于虚拟现实自行车的情境。那么在这一系列的真实身体与虚拟身体的相互影响和相互作用的情境中,身体拥有了以上论述到的三个维度的发生机制和特征之外,运动身体又包含着怎样的身体图式内涵呢?

对于镜像神经元的影响和知觉产生机制,让人联想到梅洛-庞蒂关于镜像化的例子,镜像神经元是身体与他者的脑部区域的反映,即身体对他者情绪的感知和对应运动系统的感知,那么梅洛-庞蒂对于镜像化的阐释有没有理论内核的相似之处呢? 梅洛-庞蒂论述人在照镜子的时候,会发生身体图式的变化。身体在镜像中呈现,真实身体看见了镜像中的自己,这时,身体既是可以感知、可以运动的本己身体本身,又是可以被自己看到的身体,体现为身体的两个方面的内涵,身体既看着,又被看着,是能看的和被看的身体的统一,这种身体的自我性与他者性的统一与梅洛-庞蒂后期的身体可逆性的论述又是具有一致性的。对于镜像化的分析,其场景和虚拟现实健身有些相似,虚拟身体既是真实身体的镜像化,又表现出与真实身体动作一致的特征。身体既是感知的真实的身体,又是被看着的身体。身体是本己身体视角与他者视角结合的身体,是第一人称和第三人称的结合。但与此同时,虚拟现实健身的身体又不同于镜像化的身体,首先表现为只有在运动动作相同时,虚拟现实健身中的身体才呈现镜像化的特征,在静止的时候,虚拟现实健身的镜像化是没有实现的,其次虚拟现实健身的镜像化更偏向于镜像神经元的反射而导致的动作一致,而非镜像化完全意义上的一模一样。但虚拟现实健身与镜像化又有着相似的方面,体现在镜像化集合了本己身体视角和他者视角的身体,虚拟现实健身也实现了本己身体视角与他者视角的结合。而且镜像化虽然是人与世界关系的一个特例,但诠释了身体与世界的相互展开,身体是集主体与客体结合的能触的可触者、能感知的感知者,只不过这种身体向世界展开的内容被身体自己"看见"了,更体现为一种身体的主客体结合和可逆性的特征。

在虚拟现实健身的过程中,身体图式是运动得以展开的基础,蕴含着知觉-运动系统的内涵。身体图式的功能建立在我们对身体觉知的动觉感觉之上,动觉感觉并不是一种机械式的知觉图式,它是身体的能动性、力量和欲求的体现,在事物显现中被赋予意义。[①] 身体图式包含着运动的机能和内涵,表现为身体图式为身体的运动搭建了一个基础的功能框架,身体图式的前反思性特征是身体具有源始性的对身体感官的把控和对身体各个部位的灵活运用。身体空间体现了基点的特质,即运动空间以身体空间为坐标原点进行展开,虚拟现实健身的空间在身体前意向的运动空间的基础上再展开以便进行交互活动。身体图式的格式塔内容体现了身体的不可分割性以及知觉的整体性,所以对身体图式的运动技能维度的阐释偏向于身体的前意向性运动能力的显现,是对身体空间的感知和运动是身体图式的前反思的表现。而身体为什么可以具有目的性地戴上虚拟现实头显而进入到虚拟情境中来进行运动,是因为身体意向的投射,身体意向的投射是身体运动得以实现的基础,是虚拟空间中真实身体和虚拟身体互动的基础。意向的投射反映了虚拟身体的维度,这也是梅洛-庞蒂对于身体的功能性维度的阐释。虚拟现实健身中的虚拟身体既是意向投射的虚拟身体的功能性维度,又是物质性层面的计算机构建的数字模型的可视化显现。所以,在上面的论述中,提到了虚拟具身的概念,身体意向的投射是技术活动得以展开的基础。虚拟具身区别于虚拟身体是因为具身又增添了在场,因为虚拟现实技术对于沉浸感的要求,使得虚拟具身的实现成为沉浸感得以营造的基础,同时虚拟具身的虚拟身体是数字化模型和身体的意向性功能维度的结合。所以,身体图式提供了运动前反思的结构性基础,而身体意向则使得身体运动得以实现,并增添了身体图式的内容。

身体运动系统的自组织这一内在功能使得运动时人的注意力集中于身体,放大了身体疼痛等相关知觉的感知,而虚实结合的情境的构建使得身体呈现出逐渐忘记本己身体的过程,达到无直接运动目的的状态。梅洛-庞蒂的人与世界的可逆性强调虚拟情境中技术与人的"对话",要求技术具有逼真的知觉反馈。在场感的营造基于沉浸的具身化。从身体运动的镜像原理出发,虚拟具身

---

① Merleau-Ponty M. Phenomenology of perception [M]. London:Routledge,2002:101.

和沉浸性的实现奠定了交互的基础。镜像神经元是动作映射和情绪感染的神经基础,在同感的简单、自动化的感知-运动机制下,虚拟身体呈现准他者性。时间的非一致性、疼痛的离身感知以及技术的意志在虚拟身体的显现表明了虚拟身体的他者站位。同时,这个他者又不是完全意义上的第三人称的独立意识主体,这里的他者又有着一定的第一人称的特性,表现为虚拟身体和真实身体之间无可分割的联系,进而阐释出同感的身体激励机制,同感构建起了真实身体、虚拟身体之间的激励回环结构。真实身体对虚拟身体发出指令,同时虚拟身体也对真实身体发出了指令。从虚拟身体对真实身体的情绪激励到虚拟身体构建与真实身体的情绪表达契合的数据模型,可以看出身体与技术的两个方向的适应具有完全不同的发生机制。真实身体的知觉是居于首要地位的,知觉可以直接指导身体动作而不需要转换和编码。而复杂的虚拟身体的知觉和情绪表达以及经验的建立需要严密的计算和复杂的输入输出系统。虚拟身体对于真实身体的"模仿"在现阶段依然是对真实身体的内在性和超越性统一的把握。技术的发展和最终"奇点"的到达依然依赖于对身体的探秘。换个角度来思考,真实身体对虚拟身体而言也是一个准他者,真实身体不过是运动的中介,受游戏设定的操控,使虚拟身体在虚拟世界里完成目标,而真实身体不过是雇佣的一个力量体罢了。

7.2.2　VR 运动中晕动症减弱的现象学分析

虚拟现实晕动症的出现使技术设计强调技术刷新率等参数的完善与精进,但究其根本在于身体运动发生机制与技术预设的知觉回路背道而驰。本小节就虚拟现实技术如何跳脱身体"被动"接受视觉反馈和凸显身体-主体性地位的虚拟体验展开讨论,运用现象学理论结合前沿的 VR 运动技术系统,阐明前沿技术进行空间位置锚定的现象学意义,以及 VR 运动中身体运动习惯与逆向运动学的动觉机制的差异,得出技术要建立听觉与视觉信息的身体参与的虚拟现实系统,通过真实身体与虚拟身体的实时映射减少晕动症的出现频率。

现阶段虚拟现实体验过程中存在晕动症现象,徐德友等学者提出是因为虚拟现实眼镜中的屏幕刷新率延迟,当感官知觉与帧率不同步,就会产生眩晕感。学者苏丽提出现行的虚拟现实技术预设了一种知觉要素间的互动关系,彼此之间属于独立外在的积木模型的知觉哲学,与自然知觉经验中图形-背景的可逆结构背道而驰。① 除了以上原因,还有虚拟现实内容直接套用电脑版本影像,而不同界面不兼容以及相应的硬件设备的技术参数达不到技术指标,这些问题都会导致晕动症。晕动症就是用户在虚拟现实体验过程中或者体验之后产生的眩晕、恶心、眼花、出冷汗、呕吐和头痛等身体不适应性症状。② 以上症状在VR 运动中尤甚,那么除了上述原因,回溯到身体动觉感知机制上来思考,在虚拟现实体验中,虚拟现实眼镜呈现的虚拟空间向身体展开,身体"被"运动了,视觉告知身体是运动的状态,而身体本身是静止的,即视觉知觉和感知运动的前庭中枢给予的信息不匹配,这二者间的信息矛盾使得身体判断失误,于是产生了眩晕等不适应症状,警示身体判断出现了错乱。

现有的虚拟现实技术多依靠虚拟现实眼镜实现沉浸,本书基于惯性动捕技术的虚拟现实系统,提出虚拟现实技术中对沉浸感的追寻,不再局限于视觉对于沉浸效果的展现,而是追寻一个集合运动的身体与虚拟空间全方位互动的沉浸系统。在针对晕动症的身体动觉机制本质困境的前提下,身体不再被动"运动",而是主动向虚拟空间展开,主动地探索和引导,使得身体在保持内部信息统一的基础上,转化为身体-主体的体验感知,并且完成与虚拟事物的交互与反馈。

技术困境下的身体与技术的关系发生了怎样的变化? 身体-主体地位显现的哲学思考对技术实践中晕动症状减轻有着怎样的作用? 虚拟空间的技术设计与现象学身体空间有着怎样密切的联系? 虚拟空间锚定原点的方法论实操,是否可以追溯到哲学史上的空间理论? 技术前沿基于真实身体构建的虚拟身体,在减轻了晕动症的前提下是否与真实身体动觉发生机制一致? 虚拟身体与真实身体的运动链的构建顺序是否一致? 这一系列问题还有待解决。

本书基于晕动症技术困境的解决过程,来反思虚拟现实技术前沿下的现象学身体理论。从设计到体验过程,将技术构建知觉与身体运动知觉进行比较,思考前沿技术下哲学理论的当代意义,并期待给设计过程中技术困境提供解决的方向。

---

① 苏丽. 虚拟现实技术中延迟问题的现象学反思 [J]. 哲学研究,2017(11):114.

② Stanney K M, Kennedy R S, Drexler J M. Cybersickness is not simulator sickness [C]// Proceedings of the human factors and ergonomics society annual meeting. Thousand Oaks:SAGE Publications,1997,41(2):1138.

1. VR 运动中晕动症的原因

（1）VR 运动中晕动症发生的情景因素

身体的空间方位和平衡感知系统离不开大脑前庭，前庭中枢位于双侧的大脑相应颞叶、顶叶以及岛叶交接区域，前庭皮质区域接受视觉、前庭觉以及相关感官知觉传入的信息，进而对身体的空间方位以及区域位置和运动感知产生判断。双耳之内的前庭感受器对身体运动的角速度和加速度进行感知，从而反射在相应的前庭中枢，中枢感应身体运动位移信息。

虚拟现实体验中，将身体运动信息输入计算机，算法再渲染对应场景，当画面刷新速度低于 20 ms 时画面滞留，各感官知觉无法统一，就会产生信息冲突，眼睛接受信息刷新率在 60 Hz 以上的画面才能不卡顿，不稳定的跳闪现象会影响虚拟现实体验。这些刷新率与画面帧数输出频率等技术问题的完善会使得虚拟事物的呈现速度更快、呈现效果更加精细。然而当虚拟现实眼镜的画面刷新率无限靠近外部事物，在视网膜投射速度与眼动反射速率趋于一致时，技术达到对事物深度和距离的仿真就可以解决晕动症状的产生吗？这忽视了动觉发生机制的本质，即真实身体的静态与虚拟身体的动态之间的矛盾，也就是说，身体对于动觉感知的信息出现了错误，来自于前庭中枢的动觉信息和视觉信息之间存在矛盾。海廷格尔（Hettinger）等人研究了视错觉与晕动症的关系，得出结论：大脑接收的信息差异会导致视觉-前庭冲突，使得晕动症更加严重。[①]所以，要解决晕动症的发生，首先要使得身体内部信息得到统一，技术要基于身体的动觉发生机制来达到对身体的适应，进而从源头统一身体的动觉信息传递。

不同的运动情境中，大脑会对身体各个传感器的信息进行汇总和综合，对空间方位和运动状态进行判断，而各个系统之间的信息差异和矛盾，则会导致大脑对身体运动状态和空间位置预判产生误差。在虚拟空间中，晕动症的症状反应与前庭和视觉差异的程度呈正相关关系。[②] 同时，身体基于已有知觉对虚拟事物的预判与真实存在的误差又是冲突的一大矛盾点。身体基于前庭觉和

---

① Hettinger L J, Berbaum K S, Kennedy W P. Vection and simulator sickness [J]. Military Psychology, 1990, 2(3): 171.

② Rebenitsch L R. Cybersickness prioritization and modeling [D]. Michigan: Michigan State University, 2015.

视觉或者综合听觉乃至触觉等感觉信息集合而产生运动的意向性表达,或者对虚拟空间事物产生预测,而当交互产生之时,虚拟现实情境反馈与身体已有知觉的矛盾之间再次产生误差,前庭自主神经反射与其他反射区交互蔓延,导致心悸、恶心等,使虚拟现实体验的晕动症从脑内反射区之间的动觉感知差异冲突蔓延至身体与世界交互意图偏差的两个方向的矛盾。

　　虚拟现实情境转换时,虚拟空间向身体展开,此时的身体是静止状态,在虚拟现实体验过程中,多以第一人称视角展开虚拟事物。一般情况下,第一人称更具有代入感,沉浸感更强。伊德的具身、离身分析实验中,让学生以"我"和准他者视角体验跳伞过程,伊德将提供准他者视角的身体称为虚拟身体,虚拟身体是离身化的。延迟的和离身的观察者视觉性地客观化了自己的身体。① 伊德以是否实现完整的身体感受参与来划分离身与具身,将虚拟现实技术阐释为"虚拟身体的单薄使它绝无可能达到肉身的厚度",因而它是一种科技虚幻。② 伊德的具身理论的划分判定是片面化的。

　　(2) VR 运动中晕动症发生的身体感知因素

　　在虚拟现实情境中,是否可以将伊德的具身与离身理论,即"我"与准他者视角均视为具身体现,将二者作为具身程度的划分呢? 笔者基于身体意向性的投射并结合梅洛-庞蒂关于具身的阐释来解答。在身体意向性投射基础上,对于具身形式进行程度上的细分,即将第一人称和第三人称视角嵌套进梅洛-庞蒂关于具身的虚拟身体意涵,将梅洛-庞蒂的具身理论进行不同视角的细化。身体向虚拟现实空间投射运动意图时,可以为第一人称的主体沉浸体验,也可为第三人称的他者旁观体验,它们最终都纳入身体图式的动觉系统。主体体验往往更加眩晕,但也往往将直接经验纳入身体,实现了技术与身体相互渗透的虚拟现实体验。这也说明了第三人称的虚拟现实体验弱于第一人称的虚拟现实体验。在虚拟情境中,以第三人称视角观看的话,沉浸感相对较弱,而以第一视角参与则更具沉浸感,第一人称与身体主体的运动体验是密不可分的,只有实现了真实身体的运动过程才能更好地匹配虚拟事物,第一人称的虚拟身体运动体验才能更加贴近于真实感受,减少晕动症状。第三人称体验的效果会减

---

① Naoppi M. Book review:bodies in technology [J]. Leonardo, 2004, 37 (1):78.

② 刘铮. 虚拟现实不具身吗? 以唐·伊德《技术中的身体》为例 [J]. 科学技术哲学研究,2019,36(1):89.

弱,但与第一人称体验同样匹配运动身体,产生超越静止状态的虚拟现实感知。所以第一人称体验装置比第三人称体验装置更容易让人眩晕,即沉浸感与眩晕程度呈正相关关系,第一人称视角下的虚拟现实内容会让身体更加沉浸,与此同时也更容易发生晕动症。

运动意图的滞后也会导致晕动症。生活中有时会有这样的体验,作为乘客时比自己开车时更容易晕车,是因为自己开车时会观察四周,刹车或者加速时都会产生预判,身体投射着位移意图,对于将要产生的空间变化提前告知身体,并产生意向性的调整来适配情境,而作为乘客时处于被动接受的状态,在时间轴上是处于滞后的发生情境,而没有信息预判和适应性调整,因而没有运动意图识别的身体更容易眩晕。虚拟现实体验中亦是如此,没有身体运动参与的虚拟情境是向身体展开的虚拟内容,而身体处于一种被动接受的境地。如虚拟太空漫游,人们坐在虚拟装置(电动座椅)上时,跟随视觉的位移和旋转展开画面,眼睛看到的是不断推进的太空遨游画面,而座椅也相应地向左或向右倾斜,当视觉呈现向左或向右转向的内容时,身体只有旋转角度感知,前庭中枢缺乏加速度的动觉感知而产生眩晕,被动视觉让沉浸感加深的同时也让晕动症加剧。当真实身体运动带出相应虚拟内容时,身体处于主体地位,身体的探索发掘将身体处于一个预判的机制中,从而使身体内时间轴与虚拟空间的时间轴一致,身体意图的迸发先于虚拟事物的展开,从而使身体预先性地进行调适,进而减少因运动意图滞后的被动接受而导致的晕动症。

2. VR 运动中惯性动捕的空间位置锚定

(1) VR 运动中惯性动捕的技术空间

为了增强沉浸感的同时减少晕动症的发生,技术设计要更加符合人体感知习惯和运动发生机制。只有所有的感官信号能够相互统一,才能减轻因身体的主动展开与技术呈现的被动接受相悖产生的晕动症状。那么虚拟现实技术可不可以实现大脑前庭系统和虚拟现实体验之间的同步?即在技术体验中实现身体的主体性地位,以及交互运动的实时性,统一身体的主客体地位,真正实现向能感知的感知者的姿态转变,同时真实身体能够在虚拟空间中实现真实运动,将动觉和视觉信息相契合,身体以一种探索的欲望和行为实现虚拟世界的展开,而不是被动接受虚拟现实技术对视网膜刺激形成的关于深度、运动方位和空间位移的模拟信号。虚拟现实技术前沿对于未来运动的探索基于传感器与软件的结合,是惯性动作捕捉技术以及室内定位系统的结合。

1983 年,格鲁德(Grood)和新泰(Suntay)在其具有里程碑意义的出版物中提出了一种定义关节坐标系(特别着重于膝盖)的方法。[①] 通过惯性运动捕获来估算 3D 关节角度最常见的方法是将惯性测量单元(IMU)固定在关节每一侧的身体段上。虚拟现实技术中的惯性动捕就是通过在身体相应关节绑定位置传感器,从而获得身体的运动信息,再传输至虚拟现实计算机系统中,模拟一个和真实身体同步运动的虚拟身体,真实身体通过操控虚拟身体完成与虚拟空间的交互。惯性运动捕获的优势在于它可以通过穿戴式惯性传感器而不是通过相机记录位置来进行测量,因为光学测量会有检测不到身体遮挡部位的弊端。IMU 衍生方向的改进来自磁力计减少水平面中的角度漂移。IMU 包含加速度计、角速度陀螺仪以及磁力计。[②] 光学运动捕获难以在相对较大或者较复杂的环境中使用,在这些环境中惯性运动捕获很容易部署,而且解决了传统光学传感器的遮挡问题。目前国际上最富代表性的产品是荷兰 Xsens 公司研发的 Xsens MVN 惯性式动作捕捉系统以及美国 Innalabs 公司研发的 3DSuit 惯性式动作捕捉系统,国内则有诺亦腾、国承万通等公司致力于相关技术的研发与应用。

技术的设计来源于身体。身体内的前庭中枢判断平衡信息和感知方位。每侧耳朵都有三个方向轴的半规管,即同侧的半规管为 x、y 和 z,x 与 y、z 所在平面垂直,同理可得 y 与 z 垂直。惯性动捕装置的磁力计技术,同样设置 x、y 和 z 三个轴向的传感器,用于监测数据值,感知身体的运动方向。加上加速度计对运动位移的测量,以及陀螺仪判别物体在三维空间的运动状态,这三者的技术参数就是很多初创者常说的“九轴传感器”的概念。技术“知道”身体是否旋转及其移动的速度、加速度、运动的方向。所以说,技术的设计“模仿”身体的构造离不开具身化的实现,这在将伊德的具身、离身的不同层次同梅洛-庞蒂的意向性的具身理论融合的基础上,又赋予了具身的功能性维度,虽然身体适应技术,不断囊括身体习惯,进而扩展身体图式,来达到对技术的合理运用。同

---

① Grood E S, Suntay W J. A joint coordinate system for the clinical description of three-dimensional motions: application to the knee ASME [J]. Biomech. Eng., 1983,105: 136.

② Vitali R V, Perkins N C. Determining anatomical frames via inertial motion capture: a survey of methods [J]. Journal of Biomechanics, 2020, 6: 106.

时,身体的适配前提是技术对身体的靠近,即技术世界向身体展开的方式,不仅仅局限于技术的成熟与完善,更是贴近于身体运动发生机制。在虚拟现实体验装置中,将惯性动作捕捉器绑在运动身体的重要节点上,捕捉身体不同部位的运动数据,包括身体关节的加速度、位移和旋转角度等信息,再传入计算机,经过数据修正和打磨,建立虚拟模型,使得真实身体的运动映射在虚拟空间中的虚拟身体上,使得虚拟身体随着身体运动而同步地、自然地运动起来。惯性动作捕捉技术中,陀螺仪传感器对身体关节的旋转角度进行监测,加速计捕捉身体运动的直线位移,磁力计用来感知方向。三者结合的技术系统对于身体关节在装置中运动了多长的距离、旋转了多少的角度以及具体方向的运动进行全面而综合的感知。进而使得虚拟空间中的虚拟身体与真实身体同步运动,充分体现运动意图,做到对空间方位的仿真模拟。

(2) VR 运动中惯性动捕的虚拟空间

有学者论述虚拟空间因意义空间而得以实存,仔细想来,有些"我思故我在"的唯心主义论调,与此同时,不可否认这种因意识思维而存在的情境是与当代信息技术发展相联系的。技术早已脱离物质性的外在束缚,越来越呈现数字化和信息化发展的趋势,而这些都是哲学思考范畴之内不可否认的实践哲学。在当今社会,以信息技术群为中心的信息革命引发了新的技术范式。[①] 技术范式的出现和转变丰富了哲学概念的时代内涵。信息化时代的空间到底有没有实体的本性? 虚拟现实空间的本质到底是什么? 空间本身具有哲学和物理学的内涵。笛卡儿倡导结合数学和几何方法,创建了笛卡儿坐标系。他将空间阐释为具有广延的实体,三维空间的长、宽和高构成实体空间本质,思维构成可思空间本质,使得空间阐释逐渐脱离形而上学的禁锢。休谟否认将空间单纯解释为脱离实际的虚无和依赖意识存在的论断,但也否认其为现实存在,最终难以跳出主观经验主义的论断。黑格尔将空间和物质结合,可以测量具体空间的形态。空间的概念阐释离不开运动的概念。"就像没有无物质的运动一样,也没有无运动的物质。"[②]

物质性的实体空间具有可分割性,广延的外在属性使得物的大小、体积、位置、位移等讯息都包含在内,可用 x、y、z 轴来测量。长、宽、高的属性确定了实

---

① 卡斯特. 信息社会与网络精神 [M]//海曼. 黑客伦理与信息时代精神. 北京:中信出版社,2002:120.
② 海德格尔. 演讲与论文集 [M]. 孙周兴,译. 北京:三联书店, 2005:156.

体空间的特征,凡事凡物都是具有广延性的外在,都以广延为条件,且都是以物的样式存在。笛卡儿用事物的广延性特征来校准事物并进行分类。虚拟现实空间没有了可触摸的长、宽、高属性,那它是否是虚空还是具有广延的存在? 在数字化虚拟技术的呈现中,用惯性动捕的技术参数对虚拟空间进行测量,用九轴分类法则将空间进行数字化运算,是否可以说虚拟空间不局限于可触摸的物质性的外在,依然是具有广延的实存? 这种数字科学语言的呈现,好比投影仪将立体投影呈现在空间中,这个投影的立体画面具有本身的长、宽、高,而不是可触摸的、具有触感的物质性外在,却依然具有笛卡儿所言的可测量的、具有广延特征的空间。尤其当投影和 3D 打印技术结合时,赋予了投影可触摸的物质性外在的"壳"。所以说,符合上述空间特质的虚拟空间具有广延的实体本质。

空间不是虚空的,分为共有空间和特有空间。共有空间,即所有物体存在于其中的空间;另一个是特有空间,即每个物体所直接占有的空间。[①] 虚拟现实空间占据着部分空间,同样蕴含着共有空间的要素,既有空间的共性特征,同时又有着不可叠加和替代的空间维度,虚拟事物可以在空间中显示,但空间无法占据另一个空间形态。虚拟空间可以理解为技术构建的一种特有的视觉空间,是没有身体运动带入的静止的空间,是一种放映的空间,通过九轴坐标的建立和对方向的监测,达到对于真实空间的再现,使身体运动自然而然地展开,它不是物质性的外在的壳性空间,而是具有空间本质的空间本身。柏拉图提出空间是无法移动的,不能交织的。任何一个空间形态都不能占有另一个空间形态。虚拟现实空间在技术对视域的拓展中,当物质实体充斥空间,二者会不会存在交织? 是否违背空间的本质? 设想如果虚拟现实技术没有身体运动的参与,那么与电影放映相似,即没有交互和对视觉空间的占据,是不存在空间交织的。当身体参与技术的展开,并进行交互性运动时,如果真实空间充斥着实物,受众在体验的过程中便会发生碰撞,所以身体交互参与的虚拟的视觉空间与真实空间并没有重合。有点类似于混合现实(MR),即将虚拟视觉嫁接到真实世界中,如 Google 推出的 MR 眼镜,外观看起来和普通眼镜一样,可以正常使用,同时眼镜可以根据真实世界的实物来呈现数据,实现导航功能,甚至与真实世界的实物交互,还可以和虚拟玩家在真实世界相遇。所以说,虚拟的视觉空间

---

① 亚里士多德. 物理学 [M]. 张竹明,译. 北京:商务印书馆,2006.

也依然具有实在的本质,也依然不可被覆盖、被替代,而被赋予意义,这在一定程度上与"场"的概念密不可分。

近现代的哲学家将空间阐释为唯心主义范畴,直到现象学形成身体-主体的空间理论,将空间的概念放在身体与世界的关系中来阐释。梅洛-庞蒂认为现象学的身体不再是与意识对立的肉体,他打破了二元论的观点,否认单纯将身体称为肉体意识结合的统一体,而认为其是一种总体性的现实空间。空间是身体与世界关系中的内视与外视、肉体与精神含混的存在。空间不单单是客观存在的物质性位置关系,更是一种处境的空间,具有一种在身体与世界的动态关系中的空间性。本书阐释的空间具有两个方面的内涵,其一是客观存在的外在空间,是事物的广延,由于不可叠加的特征本质,虚拟的视觉空间基于身体运动的交互性作用,使得虚拟空间真实存在,并且无法叠加。它是具象的空间,不同于电影放映在脑海里形成的意识的虚拟空间,而是身体主动探索的、由于运动而展开的、视觉主导的、身体参与的整体性空间。其二是一种处境的空间,在这个空间的坐标系上,用身体来锚定坐标的原点,以此来展开虚拟空间,强调的是运动产生物质的知觉空间,强调身体的主体性地位、身体的知觉感官的参与和运动系统的凸显,赋予空间以"场"的内涵。

"场"原是物理学的概念,用来表述连续的物质形态,后来逐渐演变成物质信息的载体、运动系统的综合,以及关系产生的背景等内容。场代表着互相抵消的储存能量的力量集合。① 可以看出场是一个综合性的概念。空间也可以看作是一种场,各种物质和信息在其中交流、运动以及交换能量。这里将场的概念建立的方法论套用到空间的概念中来,可以发现两者之间是具有一定的联系的。存在具有空间性,空间内容也是存在的,知觉世界组成了场内的部分,强调的是场内的各个事物的关系,知觉发生在处境的空间中,这一境遇的空间阐释强调空间的交互运动发生的场的整体性结构。身体对于背景结构的知觉场具有第三性的作用,同时需要外部空间和内部空间的配合才能显现出图形来。② 以身体空间为基点展开虚拟的视觉空间,身体空间与虚拟空间融合的空间是知觉体验的现象场,这一空间包含了外在装置空间的概念范畴,而延伸至在身体与世界的运动关系中包含知觉内容的整体空间,不局限于唯心主义的空

① 梅洛-庞蒂. 行为的结构 [M]. 杨大春,张均尧,译. 北京:商务印书馆,2005:59.

② Merleau-Ponty M. The phenomenology of perception [M]. London:Routledge,2002:115.

间,也不局限于经验主义的空间的阐释,而是一种智性的综合。所以说,空间与场的概念的论述方式和内涵特征具有统一性。可以用场的概念阐释来更好地将空间放在一个身体与世界的关系中,以便获得综合性认知与理解。

3. VR 运动中逆向运动学的动觉机制还原

（1）身体运动链的构建顺序

人体运动受到关节构造的活动范围所制约。在人体运动过程中,一般都是以躯干的大关节推动各小关节,从而达到运动的目的。这是人体运动中程序性的规律。运动链的概念源自机械运动的力学研究。运动链（kinematics chain）常被定义为由环节连接的一系列刚体所组成的机械系统的数学模型。后来随着学者们对于身体运动研究的深入,将运动链引用至生物学领域,对身体运动的具体分析用数字模型确定下来。在生物学领域中,按照动作发生时的身体运动的各个部位的顺序连接成为运动链。随着学者们对人体研究的深入,运动链被引入到人体运动中来,并建立数学模型来研究生物运动链。将人体若干环节借助关节,并使之按一定顺序衔接起来的结构,称为人体运动链。身体的髋关节、膝关节、踝关节为一条运动链上的关节组成部分,比如在遇到迎面而来的足球时,身体蓄力将球踢回,则驱动从髋关节、膝关节到小腿以及踝关节,力量传导至末端效应器,再将球踢出去,这是一个动作发生时的运动链的形成和动作发生机制。在虚拟现实技术中也是如此,虚拟目镜中,迎面而来的球驱使身体做出自然的反应,随之驱动身体将球踢出,虽是虚拟环境中的虚拟动作,但虚拟身体是真实身体的映射,按照时间的顺序,力量也沿着各个关节组成的运动链进行传输,最终传至末端效应器（脚）,最后的肢体上的力量为各个环节力量的集合。

（2）VR 运动中的逆向运动学算法

惯性传感器对身体运动的具体动作的方向、速度、加速度以及位置进行探测,这不可避免会出现漂移误差,随着时间的推进,误差会发生叠加现象,这样最终呈现在计算机中的身体运动模型会和身体本身运动产生差距,需要 IK 算法来进行校正,以确保在虚拟现实技术使用过程中,虚拟身体与真实身体的动作达成相对统一。IK 算法是在虚拟现实技术捕捉中运用逆运动学定位身体运动的末端效应器的位置,推算主关节的位移以及旋转角等数据,再映射在虚拟身体上。将绝对坐标与动捕中的坐标融合,纠正动作捕捉装置中的误差,从而给用户一个更加真实的位置效果。比如在人形手指逆运动学解决方案中,通过考虑人类手指固有的指间关节协调性来指定有效的手指模型。[①] 当给出手指的关节角度时,指尖位置及其姿势自然是可以确定的。值得注意的是,在多手指操作对象的任务中通常需要进行反向工作,即需要获得与每个手指的指尖轨迹相对应的关节组合以进行操作。这实际上被称之为逆运动学问题,是一般手动操作的基本问题。比如虚拟现实射击游戏,包括 VR 佩戴装置、可控跑步机、音效系统、力反馈上衣等装置,首先在身体上绑定惯性动捕传感器,已知空间中的绝对坐标,也就是说以身体某一个点建立一个坐标系,以及已知任意一个传感器的相对坐标,测算运动过程中的加速度,根据这个加速度和方向其实能算出任意值,得到所有的运动链骨骼点的运动轨迹。虚拟身体的建构与虚拟环境实时互动,包括电子枪的运动采集,实现实时身体运动参与和监测,使用户达到极为真实的知觉体验。

　　动态线是人体运动时呈现的主要倾向线,身体的运动规律是由主躯干的运动来完成的,如倾斜、扭转,进而延伸到主关节乃至子关节。所以,对于运动的感知首先从幅度比较大的身体的倾斜和旋转等主要动态线去感知,之后再去考量动态的主线和支线的关系。从而实现从整体运动线的把握到细节的位移变化的感知。身体运动是具有一定的顺序的,当关节和肌肉同时发力时,由大关节带动小关节再到最小关节,从大到小,由躯干到四肢,是一个身体关节的驱动过程,也是力的传递过程。比如虚拟现实游戏中的扔垒球,为了使垒球投掷得更远,身体驱动肩关节、大臂、肘关节、腕关节和手掌关节将垒球使劲扔出去,有一个力沿着运动链上的关节传导的顺序和过程来传递,在虚拟空间中,为了减少误差,确保手与球的碰触,使用逆向运动学算法将手的终点位置锚定,再结合惯性动捕装置中的数据进行算法分析,推测相应关节的位移和旋转角度信息,体现在虚拟身体的运动动作上,达到对真实身体的运动映射反应。在这一过程中,虚拟身体的运动发生机制与真实身体具有顺序上的差异性,可是结果都是将垒球扔了出去。虽然关节的运动顺序具有方向上的差异,但是实现了真实身体在虚拟空间中的映射运动,并给予真实身体力觉反馈,进而使得真实身体更好地沉浸,以完成与虚拟空间的互动体验。

　　① Kim B H. An adaptive neural network learning-based solution for the inverse kinematics of humanoid fingers [J]. International Journal of Advanced Robotic Systems, 2014, 11(1): 3.

虚拟现实技术体验中眩晕情况的出现,最为直观的原因是技术参数上的误差与延迟等,而本质在于身体的前庭觉与视觉对运动信息录入的差异,即在虚拟现实体验中,静止的身体与运动的视觉信息的差异造成了生理机制上的眩晕。在技术体验中实现交互运动的实时性,统一身体的主客体地位,真正实现向能感知的感知者的姿态转变,同时真实身体能够在虚拟空间中实现真实运动,将动觉和视觉信息相契合,身体以一种探索的行为向虚拟世界展开,以减弱晕动症的发生。通过使现实世界的真实身体及其运动映射到虚拟身体上,再将虚拟环境对角色的作用反馈到真实身体的感知中,形成一个综合性的、真实身体与虚拟空间实时交互的运动体验和知觉闭环。沉浸感、交互性更强的知觉体验减弱了因前庭觉和视觉的运动信息差导致的眩晕。技术通过惯性动捕锚定身体空间的原点来定义虚拟现实空间的起点以减轻晕动症。将空间放在一个身体与世界的关系中来获得综合性认知与理解虚拟空间的点-视域结构。技术误差需要逆向运动学算法。在虚拟身体的构建过程中,通过与身体动态线的规律比较,可以发现以结果为导向的虚拟身体与真实身体运动链的动觉发生顺序具有本质的不同。

与此同时,在虚拟现实运动体验过程中,如击打台球或者投篮时,如果用户感知不到球给予身体的力反馈,那么在虚拟空间中依然会造成身体的运动知觉差,从而导致身体的眩晕。一些技术通过电极贴片对身体肌肉和神经进行刺激,将触觉信号反馈给身体,以实现运动知觉的统一,以更好地沉浸。未来对于如何减轻虚拟现实体验中眩晕情况,其触觉的力反馈呈现则显得尤为重要且不容忽视,只有解决了这个问题,才能让身体获得综合性的运动知觉体验,将视觉、触觉、前庭觉等知觉实现在身体内的统一,以减少眩晕等不适症状的发生,从而更好地沉浸和互动。V Motion 公司的 VR 产品在耳侧绑定电刺激装置,当身体发生运动时给予头部相应的电刺激,进而统一视觉和前庭觉,实现真实身体和虚拟身体的运动的统一,进而减少因身体动觉发生机制基础上的差异化导致的晕动症。但是此种虚拟现实体验缺少交互感知。这种“黑客帝国”似的体验产生的电刺激与真实动觉对前庭中枢的刺激之间的差异,会不会导致新的运动不适应症状出现? 这一问题值得我们深思。

7.3　论 VR 电影中技术"奇点"的具身形态

从现阶段虚拟现实技术的困境出发,结合科幻电影来尝试推导虚拟现实"奇点"的技术形态。刺激-反馈的机械知觉进路不符合自然知觉的发生机制,虚拟现实"奇点"的技术形态实现了对自然知觉的格式塔特征的契合,使得身体进入虚拟空间的方式摆脱了物质性的外在束缚而实现了真正意义上的沉浸,颠覆了时间和空间的限制,改变了人类介入虚拟空间的方式。虚拟空间中关于虚拟与真实的定义发生了改变。文化进化的机理在技术的发展形态中突显出来。人工智能他者建造的虚拟世界,是脱离了人类创造的文化情境的数字矩阵,人类丧失了文化主体的地位。虚拟空间中离身性的物质身体与具身性的虚拟身体的结合依然具有伦理责任维度与社会文化内涵,笔者将通过对现象学身体进行比较论述,结合虚拟现实"奇点"的技术形式对虚拟情境中的具身形态展开论述。

虚拟现实技术发展至现阶段常被人诟病的延迟、头显过重,以及晕动症的出现,使得用户在虚拟现实体验过程中无法全身心地沉浸,或者说无法长时间地沉浸在虚拟世界中,且真实身体总是在虚拟世界中时而绽出、时而沉浸。虚拟现实发展到"奇点"是怎样的形态? 它是头显和手柄等物质性外在更加贴合人体工程学的设计吗? 是分开的视觉、听觉和嗅觉等知觉更加严丝合缝的拼凑吗? 答案是否定的。设想一下,无须任何与触觉、听觉和视觉相匹配的物质中介来契合身体,而是身体意识直接介入虚拟现实空间,身体不再觉知自己是处在虚拟空间中的,而是无意识、不自知地完成虚拟空间里的交互,身体也不再处于一种绽出和隐退切换的、穿梭于虚拟和现实之间的状态,那么"奇点"之下的具身形态是怎样的? 身体内涵和知觉发生机制有着怎样的变化? 技术视域下何谓真实? 何谓虚拟? 笔者将结合虚拟现实电影《黑客帝国》来试论"奇点"之下的技术形态以及现象学具身形态。

现阶段的虚拟现实预设的知觉机制是彼此独立的感官知觉的简单相加,其中各个知觉内容之间不是一个浑然的整体,这种分割性使这种预设机制中各要素之间彼此独立,它们之间的关系依赖于某种依据刺激的邻近性和相似性而实施装配的联结。[①] 这种和知觉匹配的技术设计是零散的知觉的合集,通过对时间点的预算而使不同知觉融合进而产生一种身临其境的感觉。研究者们期待技术设计重视身体知觉的格式塔特征,重视身体联觉的重要性,所以研究者们认为技术要以经验为进路,将知觉机制放在知觉的动态过程中来进行技术物的设计。当到达技术的"奇点",即研究者们不用再局限于物质性的外在,也就是不再通过技术革新进行眼动追踪、高性能近眼显示、网联式云化虚拟现实以及多感知交互路径多元化等来加强技术配合、营造沉浸感、降低延迟率等,那么虚拟现实会具有怎样的知觉机制和具身形态? 身体受到流逝的时间、永远存在的空间以及质量无限永久的物质世界的限制,具有诸多的约束和边界,身体没法回到过去、掌控空间、自由穿梭时空,那么可否在虚拟现实空间里实现真正意义上的身体自由? 虚拟现实空间里是否还需要具身? 如果需要,那么具身的形态是怎样的? 虚拟现实技术如果直接忽略感官刺激而直接作用于身体的神经系统,让身体不再因知觉的不断绽出和隐退而觉知虚拟世界的他异性,而是直接沉浸在虚拟世界中,这种虚拟现实"奇点"的到来会带来怎样的变化? 下面结合科幻电影《黑客帝国》里的相关描述来进行技术设想,进而思考技术"奇点"的身体与技术的关系、虚拟与真实的判定、知觉的发生机制以及技术的具身形态。

7.3.1　虚拟现实"奇点"的知觉发生机制

现阶段的虚拟现实技术的知觉机制和技术"奇点"的知觉机制具有完全不同的知觉发生进路。虚拟现实"奇点"是结合当今虚拟现实技术的弱点以及在虚拟现实科幻电影中寻找到的能够解决当今虚拟现实技术困境的技术新形态。技术发展经历了无沉浸、初级沉浸、部分沉浸、深度沉浸和完全沉浸五个阶段,完全沉浸是指中端和技术的发展可使得用户具有最佳的体验。中国信息通信研究院《虚拟(增强)现实白皮书(2018 年)》中公布了现阶段虚拟现实技术处在部分沉浸的阶段,主要表现为 1.5k～2k 单眼分辨率、100～120 度视场角、20 毫秒 MTP 时延等技术指标和由内向外的定位追踪与知觉仿真。

通过对沉浸感的划分将虚拟现实技术划分为不同的阶段,完全沉浸没有提

---

① 苏丽.沉浸式虚拟现实实现的是怎样的"沉浸"? [J].哲学动态,2016(3):87.

出具体的技术形态和虚拟现实沉浸状态。但可否从技术现象学层面去推论技术"奇点"的发展形态呢？笔者先从现阶段的技术困境展开论述。从前文可以看出，现阶段的虚拟现实技术依然执迷于技术参数，即眼分辨率、视角、渲染处理速度等内容，这些技术的革新无非是想要技术更加契合每个本己身体，使听觉更加逼真，从单方位输入到全方位输入；使视觉更加逼真、刷新率更高、延迟率降低，身体减少晕动症的产生；使触觉更加真实，手柄的力觉反馈速度更快、仿真感更强；甚至技术对于嗅觉也开始仿真，即在不同场景释放不同的味道让受众更加沉浸于虚拟空间以增强交互性活动，进而短暂地忘却真实世界而沉浸在虚拟空间之中无法察觉。然而，虚拟现实技术对于知觉的仿真是将听觉、嗅觉、味觉和视觉等感官知觉分开来进行模拟的，现阶段技术参数的提升是基于对感官知觉无限逼近于真实世界的机制来进行技术创新的。梅洛-庞蒂将身体阐释为格式塔的整体，即身体各个部分的知觉是一个整体，且整体大于部分之和，各个感官不是单独作用于身体的，身体对于世界的知觉内容不是单个的感官知觉的合集，而是格式塔的整体，知觉的整体包含在身体图式的内涵之中，身体图式是梅洛-庞蒂对于身体的运动-知觉的阐释。现阶段对于外在的、孤立的感官知觉的联合依然是分开的，所以身体在虚拟现实交互体验中总会感到身体的绽出，即觉知自己是处在虚拟世界中的，是技术体验的活动。虚拟现实技术的知觉过程是由外在刺激呈现在头显中展开画面，眼球捕捉到画面再传送给神经机制的过程，是一个刺激—反应和输出—输入—输出的过程，这在一定程度上造成了延迟，而且自然知觉是身体与世界不断交互的过程，是一个不断调和的过程，而现阶段的虚拟现实技术把知觉呈现为一个既定的结果，而眼球是被动接受的，所以和自然知觉的发生机制具有很大的区别。

现阶段的虚拟现实技术对于感官知觉的外在模拟集合忽略了自然知觉发生机制中身体联觉的特征以及身体图式的格式塔结构，而体现出部分沉浸的特征，所以身体在体验的过程中，会觉知技术营造的虚拟情境，产生延迟和晕动症等不适应知觉图式的症状。那么，从这个角度来看，技术想要达到"奇点"，则表现为完全的沉浸，以及达到对于知觉的联觉，而且还包括延迟和晕动症等这些不适应技术的症状的消失，即技术完全依照自然知觉的路径，营造一个整体的知觉的内容图式，并且身体在与技术营造的虚拟世界不断交互时，身体察觉不出自己是处在虚拟空间中，对于真实还是虚拟空间的感知具有模糊性，不知道自己是否身处虚拟空间。这种虚拟现实技术的"奇点"在《黑客帝国》系列电影中实现了。在电影中,人类和人工智能大战,最终人类失败,人工智能将人类作为能源燃料受计算机的"奴役"。人工智能建造了 matrix(母体)虚拟现实程序,人类被迫生活在虚拟空间中,虚拟空间的一切皆由计算机程序编写而成,人从一出生便生活在虚拟空间中。在电影中,知觉不再通过外在的物质性的仿真来契合身体,而是技术直接将知觉传输给身体,或者说传输给身体各个部位的感知器官,人一出生便直接进入虚拟世界,在虚拟世界中完成长大、工作等一切交互性活动。

对于现阶段虚拟现实技术的形态和虚拟现实技术的"奇点"形态,技术与身体的关系发生了质的变化,首先,表现为知觉的发生机制不同。现阶段虚拟现实技术是外在的技术根据身体感官知觉的内容特征进行仿真而组合在一起的知觉进路,而虚拟现实技术的"奇点"是直接作用于身体的,直接将知觉内容传输给身体的各个部位以及相应的脑部反射区域,并直接将虚拟空间映射到人脑的意识中。其次,身体获得知觉的探索路径不同。现阶段的虚拟现实技术是现实世界中的身体通过位移和旋转来进行探索的,用户佩戴头显后,通过其中的陀螺仪、菲涅耳镜片的光折射结构配合双目视差使得头显中的虚拟世界因眼球的转动和头部的位移而展开虚拟空间的画面。身体想要看到前面或者上面等不同空间方位的内容需要转动身体来探索不同方位的虚拟空间的信息,有的虚拟情境还需要身体的位移,即需要走路和调转方向等来实现对虚拟空间的探索,这是一种身体主动对虚拟空间的探索。而虚拟现实"奇点"的技术形态中,真实身体是不需要运动的,只需保持静止的状态,虚拟空间中的事物便可呈现在人的意识里,这是一种被动的接受。但与此同时,虚拟空间中的虚拟身体则需要探索来实现对虚拟空间的认知。人工智能将每个虚拟空间的事物对应相应的计算机程序,虚拟身体在虚拟空间中的探索又是一种主动性的呈现,尤其是与他者在虚拟空间中相遇,身体间的交互模态使得虚拟空间中的虚拟身体又呈现出一种主动性的趋势。现阶段的虚拟现实技术,大多是技术设定好的交互路径和内容呈现,身体的探索也是具有边界性的和不自由的,所以身体的探索也是受到技术程序呈现的被动选择的过程。所以说,现阶段的虚拟现实技术中真实身体的运动对虚拟空间的探索是主动性的体现,同时由于虚拟空间内容的局限性,身体又被动接受局限性的虚拟交互,身体与技术的关系体现在对于知觉内容的觉知上是主动性和被动性的统一。虚拟现实"奇点"技术的实现,使得真实身体不再需要运动便可获得对于虚拟世界的认知,与此同时虚拟身体又在虚拟空间中探索着,并与他人发生着交互性联系,由于计算机设定好了虚拟世界的内容,所以虚拟身体对于虚拟空间的探索也是集主动性与被动性的统一。

从现阶段虚拟现实技术的困境出发逆推虚拟现实"奇点"的技术发展形态以及知觉发生机制。从外在的叠加式感官知觉的集合到整体性知觉内容的输入,知觉的发生机制发生了质的变化,知觉经验不再是视觉主导加上听觉和嗅觉配合的集合,而是直接连接人的身体的知觉通道,对身体进行改造而形成赛博格身体。虚拟空间中虚拟身体的绽出,不是真实身体去运动、去感知、去探索的主动的认识,而是世界向身体来呈现,虚拟身体在虚拟世界里主动地运动和感知。

下面将在现阶段虚拟现实技术以及技术"奇点"形态的进程中,从真实身体和虚拟身体两个维度来阐释虚拟空间中身体与技术的关系,即从身体获得知觉的动态过程中阐释身体的主动性与被动性特征。即使是虚拟现实技术的"奇点"形态也依然无法超越技术,而使得身体处于完全主导的地位,身体对于感知的获取依然是主动性和被动性的结合。

7.3.2 虚拟情境中的虚拟性和现实性

在《黑客帝国》系统电影中,matrix 程序完全构建了再现现实世界的虚拟世界,而人类对自己处在虚拟世界并不知晓,实质上人类只是通过身体接口传输虚拟世界信号来完成沉浸,虚拟世界完全占领了人类意识,不再是现阶段的物质性的外在头显和手柄对知觉的仿真和模拟,而是直接将知觉传输至身体,无须通过真实身体的任何探索和互动来完成。影片中,墨菲斯拿出红色和蓝色药丸,可以选择回到虚拟空间继续生活或者发现真实世界,尼奥选择了发现真实世界,逃脱囚禁意识的监狱,而赛弗选择回到虚拟世界,因为他无法放弃"这美味的牛排的味道","我知道这牛排不是存在的,但 matrix 会告诉我它多么鲜嫩"。通过虚拟空间中的味觉刺激大脑神经区域反射,使得赛弗将这种味觉真实囊括在自己的身体图式之中。到底虚拟现实是虚拟的还是真实的呢? 虚拟现实技术的"虚拟"和"现实"组合在一起,到底是虚拟还是现实,这看起来有些矛盾,将这两个词合起来看,计算机领域通常称作"虚拟现实",哲学领域将其称为"虚拟实在",意指"在功效方面是真实的,但是,事实上却并非如此的事件或实体"。① 在技术层面上,虚拟是贴近现实的一种方式,一种使身体沉浸其中并获得真实世界感知或者超越真实世界感知的一种体验的形式。虚拟现实不是单纯的信息的载体,更是一种体现物的属性、特征和联系的表征。虚拟现实是数字化的客体,但这种区别于客观实在的技术物呈现的内容又不是完全主观的和虚无的。虚拟现实技术营造的虚拟空间中的身体对虚拟空间产生意向的投射和交互,同时虚拟空间给予反应的输出,身体决定着虚拟事物的走向,体现着主体意志。同时,虚拟空间物的构建又是基于客观实在的,或者具有一定的超越性,身体可以获得的相关真实体验和客观实在的体验具有相似性,或者具有超越性,是身体体验客观实在无法实现的事物而获得的认知。所以,从这个意义上说,虚拟现实区别于客观实在并没有走向客观实在的反面以及意识的完全形而上的层面。可以理解为,"虚拟"是"现实"的修饰语。在影片中,赛弗因为接受不了真实世界,而选择回到虚拟空间中,哪怕是虚假的、不存在的事物,可是给赛弗带来了真实的体验和感知,所以他选择了这种"真实"。

从牛排到饮食文化,从感官知觉到社会文化认同,人类社会构建了丰富的物质基础和意识形态。有学者把文化定义为"人类活动的专门方式"或"人类生存的手段"。在不同的所有制形式上,在生存的社会条件上,耸立着由各种不同情感、幻想、思想方式和世界观构成的整个上层建筑。整个阶级在它的物质条件和相应的社会关系的基础上创造和构成这一切。② 当赛弗选择了虚拟空间中由人工智能建造好的生活方式和文明成果,选择了通过虚拟中介来完成与"真实"世界的连接,而放弃了物资极度匮乏的、荒芜的真实世界,是否可以说文化赋予了社会真实性? 但与此同时,忽略电影中关键的背景设置,即人工智能创设了虚拟空间,那么由区别于人类智能的他者创建的人类"社会"还具有文化发展的过程和意义吗? 由技术设定好的情境是基于真实的模仿和创建,这还属于人类创造的文化的范畴吗? 他者的智能通过技术建造的社会文化是虚拟的还是真实的呢? 在科技人类学视野中,改造生活的生存技能变化可能会带来相应的文化演变,进而使得文化进化的机理在社会文化的发展痕迹凸显出来,并伴随着技术的发展进程愈演愈烈。技术的发展伴随着文化的变迁,同时文化的

---

① 李永红. 技术认识论探究 [D]. 上海:复旦大学, 2007:142.
② 马克思,恩格斯. 马克思恩格斯选集:第 1 卷 [M]. 北京:人民出版社,1995: 629.

背景结构又影响着技术的发展走向。电影中信息技术的发展重新塑造了人类的生活方式,改变了人类介入虚拟世界的方式,甚至将人类的知觉形式和内容也都改变了。这关系到技术的中介,信息技术的媒介是技术发展的表现形式,具有政治性、社会性和象征性。"时间"已经停止,"空间"已经消失。信息时代的虚拟现实"奇点"的实现使得人类在一种前所未有的虚拟空间中生活,创造出新的文化生态和文化身份。技术与文化的发展互相影响、互为动力,但在影片中,这种技术是由人工智能来完成设定的,人类变成了"人肉电池",而生活中的所有场景均是由计算机代码写成,由具体的程序编辑。在这种完全的技术化的形式以及设定好的技术程序中,人是处于被动的、不自知的角色里。文化本应是人类建构的,伴随着不同国家、地区和民族的、历史的发展进程以及技术发展的成果而呈现出不同的差异化特征,而人工智能制造出的文化"假象"不再是人类生产生活中自然而然的文化样式产生的,而是按照技术设定路径来强加给人类社会的,并没有满足文化发生机制的基础背景。追溯到源头,人工智能技术何尝不是人创造出来的呢?它也是人类文化的组成部分,技术具有了自我意识之后与人之间的关系如何?技术赋予人的主导作用包括对文明的建构是否还属于人类的灿烂文明?尼奥被 matrix 封住了嘴巴,并被追杀就是因为他发现了技术的秘密,而人处于被"奴役"的地位时,虚拟空间的人类"文化"不过是繁荣的假象罢了。

虚拟现实技术构建的虚拟世界由于连接着人的知觉世界而突显出一定的真实性。虚拟是针对技术的中介形式来说的,而且就现阶段技术与《黑客帝国》系列电影中呈现的技术"奇点"而言,并无本质的差别,都是技术中介营造出的基于生活而又超越生活的虚拟空间的呈现,不同的是沉浸方式以及沉浸程度的差别,而最终都是改变了身体知觉的内容和形式,表现出一种意向的投射和意义发生的机制。人工智能营造的人类世界,在虚拟空间中对违反了技术设定路径的人进行惩罚从而使人类丧失了自由,而技术构建的社会只是一个个程序的嵌套,是文化的虚假的内涵。从根本上来说,脱离了人类创造的文化情境之下的技术他者建构的文明其实只是一种假象。

7.3.3　虚拟现实技术"奇点"的具身形态

在虚拟现实情境中,到底有没有实现具身?如果实现了具身,那么具身的形态是怎样的呢？首先运用现象学的还原法追溯认知科学对于具身性的描述。20 世纪 80 年代以来，认知科学越来越多地关注具身性的问题。具身的认知科学将意识与身体、思维与行为、理性与感性之间紧密结合起来。认知科学十分重视身体在认知过程中的重要性。

现象学也给予了身体极大的关注。伊德将身体划分为身体一、身体二和身体三。身体一是物质的，是可触摸的、外在的肉身；身体二是文化和社会建构意义上的身体；身体三是技术影响下的身体，即技术身体。伊德对于身体的划分并不是具有严格的意义内容界线上的划分，因为身体一、身体二乃至身体三都是互相交织的，但分类均有侧重，严格来说是对于身体的三个维度的解读。伊德将身体一划分出来，即将物质身体区分开来。伊德对具身的身体又有着进一步的阐释，在阐释跳伞实验的时候，伊德让学生设想两种视角，一种是设想自己就是跳伞者，另一种是以他者旁观的视角来看跳伞的过程，即以身体主体和他者身体的二重视角来看待事物。从以上伊德对于身体活动的阐释可以看出，伊德对于具身性的强调突出的是身体的物质性内容，即有物质身体的参与，如果物质身体参与了那才是具有了具身性。所以，伊德在面对虚拟现实技术这种技术形式时，将技术活动描述为一种离身性的活动，因为缺乏真实身体的参与，而使得知觉内容大打折扣，究其根本还是知觉的发生机制不是针对真实身体的具身参与而得到的。

伊德对于具身性的要求停留在有真实的物质身体的参与，并且技术参与调解身体的真实知觉。现象学派的代表人物之一梅洛-庞蒂对于身体的阐释也体现了其对于具身性的理解。梅洛-庞蒂从否定身心二元论开始展开对于具身性的阐释，他否定了笛卡儿将身体和心灵分离的观点，否定将身体看成心灵的附属，身体是整体性的身体，是身心合一的身体，是具有身体-主体特征的身体。身体和心灵不可分离，在虚拟情境中的具身是身体参与的具身，并非像有些学者论述的真实身体在客观世界、虚拟身体在虚拟空间，导致了身体和心灵二分。梅洛-庞蒂在阐释身体与世界的关系的时候，也隐含了对于具身性的描述。[①]　身体是往世界中去的身体，身体并非完全处于主体的地位，世界是不断地向身体展开来、趋向于身体的，这样身体与世界的关系可以描述为一种具有可逆性的

----

① Ihde D，Selinger E. Merleau-Ponty and epistemology engines [J]. Human Studies，2004，27：361.

关系,即身体是能感知的感知者、能触的可触者,身体的交互性获得则可以理解为身体与世界向彼此展开,并趋向于彼此,身体与世界都各担任着双重的角色,既是可看的,又是被看的;既是可听的,又是被听的;既是可触的,又是被触的,即是感知者和被感知者的结合,这也说明身体在参与世界的活动过程中是主客体视角的统一。虚拟现实技术情境下,身体是作为一个整体参与技术交互性活动的。在虚拟现实技术"奇点"的情境中,虽然物质身体依然在现实世界没有发生位移和运动,但虚拟空间中的人的意志显现也是具身化的表现,因为身体具有不可分割的特征。梅洛-庞蒂除了在身心一元和身体的可逆性层面上隐含着对于具身的阐释,还强调虚拟身体的概念。梅洛-庞蒂对于虚拟身体概念的阐释离不开身体的意向性的表达。身体与外在的事物产生交互,是身体意向性投射的结果。身体在虚拟情境中使意向性得以绽出,通过身体运动的实现产生交互性活动。人区别于其他动物的意义在于身体的意向性内容,如果没有身体的觉知,其他动物是无法察觉到虚拟空间存在的,更无法与虚拟空间的事物打交道,身体的意向性投射赋予了虚拟空间以意义内涵,同时虚拟身体的绽出是虚拟现实技术得以交互的基础。伊德对于虚拟身体的阐释停留在对虚拟空间里人类心灵的离身性本质的强调上,身体是"我"的身体的中心主体,是物质肉身的本己身体,是区别于被动和离身性的他者视角的虚拟身体。[①] 伊德将虚拟身体视为脱离了物质身体的视角,是对于事物的离身的认知。离身性的话语将身体视为摆脱物质肉身束缚的他者视角,虚拟身体被认为是心灵话语的体现,是对于信息的抓取和判断的体现,是理性主义强调的颅内对于知觉事物的思考和分析的体现。与此同时,虚拟身体反过来也会对物质身体产生交互性作用。可以看出,梅洛-庞蒂和伊德对于虚拟身体的理解具有截然不同的阐释路径,伊德将虚拟身体看成是离身的他者视角的展开,而梅洛-庞蒂则将虚拟身体阐释为是具有具身性特征的身体意向性的投射。

在《黑客帝国》系列电影中,虚拟世界的死亡会直接导致真实世界中物质身体的死亡。如果将具身性理解为只有物质的外壳,那么虚拟现实技术视域下则为离身性的获得,在虚拟世界中人的活动则无关于真实世界的身体。从伦理角度来看,技术的离身化也将导致道德责任的离身化。所以电影中的具身形态是

---

① Ihde D. Bodies in technology [M]. Minneapolis：University of Minnesota Press，2002：6.

将身体视为一个统一的整体,虚拟空间中身体的受伤、死亡等会映射到真实世界的物质身体上,同时,身体的同一性也决定了道德和责任的具身化。电影中的具身是梅洛-庞蒂的身体现象学意义上的具身。尼奥想要逃脱虚拟计算呈现给身体的数字假象,于是他便练就可以分解虚拟空间数字矩阵的方法,以便在虚拟空间里分解时间,透过物质性的实体背后看见数字化的程序。他在意识中说服自己处在真实世界,即虚拟身体拥有着真实身体的意志,从而能够对抗虚拟空间的枪林弹雨。他可以分解时间,让时间变慢以闪过迎面而来的子弹。虚拟空间的获得是身体意向性的体现,同时虚拟空间的虚拟身体又对真实世界的物质身体产生实质性的影响,真实身体和虚拟身体是密不可分的,是身体意向投射的不同维度的侧重性的描述。虚拟空间的身体的具身性特征使拥有社会责任和文化内涵的身体与肉身身体乃至技术身体等不同维度的身体相结合,即虚拟空间的身体与物质身体密不可分、互相影响,这是具身的不同表现形态,并且不可分割。

从现象学视角下的具身与否和具身形态的阐释中可以看出,虚拟现实技术"奇点"的虚拟情境中,身体是具身化的,既不单纯是伊德分析的他者视角的虚拟身体,也不是真实身体的绽出,而是以真实身体的知觉经验为基础的虚拟身体的意向性活动在虚拟空间的绽出,它们互相影响、彼此建构、不可分离。虚拟现实技术"奇点"实现的是一个完全沉浸式的虚拟空间,若将身体视为离身性的存在,会导致真实身体的失联以及伦理的离身化。所以说,虚拟现实技术"奇点"的虚拟情境是具身化的,而且是真实世界的物质身体与虚拟身体的意向活动结合的呈现,虚拟世界身体的死亡会导致物质身体的死亡,所以要想脱离虚拟空间的交互性事物,则要分解时间意志、改变空间秩序、改变计算机营造的数字矩阵。

从现阶段虚拟现实技术的困境出发,结合虚拟现实科幻电影来尝试推导虚拟现实"奇点"的技术形态。刺激-反馈机械地将感官知觉的模拟仿真形态堆叠,其知觉进路不符合自然知觉的发生机制,虚拟现实"奇点"的技术形态实现了对于自然知觉的整体性的格式塔特征的契合,使得身体进入虚拟空间的方式摆脱了物质性的外在束缚而实现了真正意义上的沉浸。虚拟现实"奇点"形态下的身体完全沉浸在虚拟世界中,电影中追求虚拟空间中的真实而舍弃了真实世界的现象使人们对于何谓真实、何谓虚假产生了思考。虚拟与真实的定义发生了改变,虚拟现实技术构建的虚拟世界由于连接着人的知觉世界而凸显出一定的真实性。虚拟是针对技术的中介形式来说的,它改变了身体知觉的内容和形式,表现出一种意向的投射和意义发生的机制。技术"奇点"形态重新塑造了人类的生活方式,改变了人类介入虚拟世界的方式,颠覆了时间和空间的限制,改变了人类的知觉形式和内容。改造生活的生存技能的变化可能会带来相应的文化演变,进而使得文化进化的机理在社会文化中的发展痕迹凸显出来,伴随着技术的发展进程而愈演愈烈。而人工智能营造的虚拟人类世界中,人类丧失了自由意志,迷失在技术构建的社会知识技术的一个个程序嵌套中,技术与文化的发展相互影响、相互建构。但是,人工智能的他者建造的虚拟空间的世界,脱离了人类创造的文化情境,其实只是一种文明假象。虚拟的文化背景下的身体是否具有伦理责任与社会文化认同,需要结合虚拟现实技术"奇点"的虚拟情境中的具身形态来展开论述。通过比较伊德和梅洛-庞蒂对于具身性和离身性内涵的分析以及具身形态内涵的阐释,可知虚拟现实技术"奇点"的虚拟情境是具身化的,而且是真实世界的物质身体与虚拟身体的意向活动结合的呈现。虚拟空间的身体的具身性特征使拥有社会责任和文化内涵的身体与肉身身体乃至技术身体等不同维度的身体得以结合,即虚拟空间的身体与物质身体密不可分。数字矩阵中的人类要想掌控世界,则需破解虚拟现实这一科学语言背后的计算机逻辑,看穿数字代码背后的现实真相,才能使得虚拟身体与真实身体进行完全意义上的结合,进而成为创造文化和传承文化的主体。

7.4　论 VR 思政教育中的身-技融合机制与路径研究

全面推进"大思政课"建设,是新时代高校思想政治理论课改革发展的新要求,是对思想政治理论课建设经验和建设规律长期认识的凝结与升华。数字时代技术赋能思政课理论与实践教学,在直面理论与实践结合新生态、技术构建思政教学新场域、虚实结合的资源整合新主题中思考教学理念的更新;在理论＋技术创新路径中实现对象精准化的教学资源定制,实现技术组合化的教学时空延展、理论融入实践路径,在实现浸润学生心灵的虚实社区搭建中提升思政教学能力。旨在提升理论与实践体系的融合度、精准化、创新力,同时,紧密结合新时代技术使用场景,谨防技术使用中的伦理风险,关注人-技关系之维,在具体实践场景中推动理论与教学结合范式的升格。并由此不断提升新时代高校思想政治理论课的质量和水平,从而更好地培养堪当民族复兴大任的时代新人。

　　"思政课不仅应该在课堂上讲,也应该在社会生活中来讲";"'大思政课'我们要善用之,一定要跟现实结合起来"。[①] 习近平总书记关于"大思政课"的重要论述为新时代进一步推进思想政治理论课教学的创新提供了根本遵循。2022 年 7 月,教育部等十部门联合印发《全面推进"大思政课"建设的工作方案》,着眼于改革创新主渠道教学、善用社会大课堂、搭建大资源平台、构建大师资体系、拓展工作格局、加强组织领导等方面,为全面推进"大思政课"建设、培养担当民族复兴大任的时代新人进一步指明了方向。推进"大思政课"建设,拓宽思政课教学半径,对思政课教学的理论与实践融合提出了新要求,需要针对现阶段理论与实践教学存在的困境进行破题,强化问题导向,立足实践场域,充分融合调配资源来回应"大思政课"教学要求。

　　数字时代的到来,无论是教学还是学习生活,都离不开数字化技术的使用,虚拟空间里的思政课教学正逐渐成为思政课教学的新形态。技术赋能"大思政课"建设,思政课的教育教学需要技术的加持,尤其是虚拟现实技术、人工智能技术等。信息化、数字化、现代化都是思政教学面临的新课题,"元宇宙""智能＋"等热词的出现,让思政教育者们不断思考思政课教学该如何适应更快的节奏、更新的内容,只有立足实践场域与技术融合,才能提升吸引力、提升热度、抢占先机、创新发展。相应的,教育者需掌握新技术,提高信息素养和技术使用技能,加强将技术融入教学的能力,加强将理论知识点融入信息化实践教学的能力等。用先进技术赋能"大思政课"以及拓展"大思政课"教学半径是适应时代发展、满足受众需求的要求,同时也是先进技术增强思政时间内核的现实需要。

---

　　① 杜尚泽.""大思政课'我们要善用之"(微镜头·习近平总书记两会"下团组"·两会现场观察)[N].人民日报,2021-03-07.

7.4.1 技术赋能思政课教学新形态

数字技术不断拓展人类生存的边界,数字技术和人类日常学习和生活的融合也日益紧密。这里所指的技术特指在思政课教学实践中链接紧密的虚拟现实技术、人工智能技术以及大数据技术等技术形式,构建了集虚拟现实交往社群、全息数字记录、精准数字画像、虚拟现实实践等场景于一体的数字空间,对人类生产生活方式产生重大影响的同时,对于思政课理论的数字化呈现、实践场域新形态的构建,以及理论结合实践的新融合方式产生了不容忽视的影响。技术促进思政教学创新发展,高校思政课作为立德树人的关键课程,思政实践作为德润人心的关键阵地,应积极推动技术与高校思政课的创新融合与发展,用技术赋能思政课教学的新形态。

1. 沉浸性内容加强实践创新

基于教学实践内容,数字技术为学生创设沉浸式互动教学场景,学生可以沉浸在数字化技术构建的虚拟空间中,教师基于思政课内容开展基于虚拟空间的实践教学,尤其是当现实场地受限时,技术可以打破物理空间的束缚和局限,使学生全沉浸式地感知和思考,如基于虚拟现实的红色场馆、虚拟现实主体展馆、虚拟游戏、虚拟电影院等形式,教师可以借此开展实践活动,学生是虚拟实践的体验者主体。沉浸式的教学空间可以使学生全方面地沉浸在实践活动中,增添体验感和互动感。

从教学实践活动来看,数字技术为师生创设了沉浸式互动教学场域。作为"移动原生代""Z世代"的大学生活跃于网络最前沿,是网络空间最积极的支持者、体验者与践行者,他们借由各类新媒体平台参与网络互动,身体力行地诠释着"无人不网、无时不网、无处不网"的媒介化生存场景。[①]

虚拟现实技术的使用使得教学与传统教学相比,在突破时空禁锢上更具优势,可营造虚拟现实的学习空间。立体丰富的教学资源、信息具象化的表现形式降低了学习和记忆难度,帮助学生深化理解学习思政知识。虚拟现实技术嵌入有着更多的延展性与互动性,随机和自主形式有利于提高互动效能。立体快捷的实训演练使理论联系实践,使学生的知识体系"活"起来,使教学覆盖人数

---

① 王肖,赵彦明."Z世代"大学生媒介化生存的审视与应对 [J].思想理论教育,2022,515(3):90-95.

更多,影响力更大。同时,在虚拟现实技术前沿中,5G 时代的智能虚拟现实技术赋活高校思政生态,软硬件更新使得技术克服了现有困境,这是具有必要性和可实施性的未来形态。

2. 精准思政实现学生全面发展

基于思政课理论与实践教学对象,加强人工智能技术与教育的结合紧密程度,在智能化教育不断推进的同时,还需考量思政课教学的特殊情境,智能思政即在思政教学过程中使用智能技术对思政教学对象进行身份识别以及精准推送。精准思政可分为两个维度,第一个维度为思想政治教育可以和智能的识别系统相结合,及时获取学生的个人身份信息和行为特征,就个人的学习特征进行刻画;第二个维度为智能的算法系统与思政课教学相结合,对教育进行过程式跟踪,对学生的学习过程以及结果进行全面记录,再使用分析系统进行全面研判,进而为学生精准画像。在推送教学资料时,可以考量已有数据,实现精准推送与分类教学,包括对课后学习资料与作业进行定制化推送,摒弃大水漫灌式教学的弊端,实现精准思政和点对点推送。

精准思政可以帮助学生更全面地发展,同时结合大数据技术,为每位学生进行画像,根据个体的情况波动图谱实现教学资源点对点供给,对个体的思想动态实现实时抓取,更加直观生动地查看个体的思想波动情况,进而及时调整思政教学内容与形式,实现针对性教学资源的及时推送与教学活动的开展,为学生补短板提供了很好的技术支持。同时,借助分析算法对学生和教师的数据进行图谱绘制与可视化呈现,使得学生和教师均可查看自身学习层面与教学层面的不足之处,进而精准化地划定学习范围、帮助师生完成实践活动,进而为不同对象的不同需求适时调整教学方案,来帮助学生全面发展。

3. 融合资源培育时代新人

教学资源是教学内容的源泉和教学理论与实践开展的基础。全面呈现跨学科的教学资源集合是思政课效能提升的保障。要想提升思政教学效能,应保障教学资源来源多样、内容丰富、更新速度快等,不断结合思政教学资源是开展好思政课教学的前提条件。"大思政课"要与生活热点紧密结合、与时事紧密结合、与历史紧密结合,同时纳入具有思维辩证理论的材料,这对于思政课内涵的挖掘和方法论的创新至关重要。

新技术的使用可以集成资源平台,要求加大思政课"思想性、理论性资源供给",要求"推动优质教学资源共享"。需满足思政课数字平台资源的建设,进一步打造资源平台,进行资源汇集与整合,优化资源配置等方面,为实现"大思政课"建设打牢基础,为全面育人做好充分的资源集合与建设。数字资源与网络资源库的建设离不开技术的发展与支持,资源集合也非简单的资源的集合,技术的使用促进思政课资源平台建成与资源相结合,对全面提升育人效果、培养担当民族复兴大任的时代新人具有至关重要的作用。资源的选择、推送,学生对于资源的学习与应用实践,不同技术形式的结合与加持使得学生能够更容易产生思想上的共鸣,有助于让思政课走入学生内心,让理论深入学生内心,并对学生在具体实践中外化于行具有重要的基础性作用。

7.4.2　技术赋能思政课理论和实践教学现状与创新路径

实现技术赋能思政课理论与实践教学创新路径,就要着眼于当下技术赋能的现状与困境,进而实现解决对应困境与问题的思政课理论与实践融合式教学创新路径。

首先,现阶段依然存在实践与理论融合度不够紧密的问题,高校思政课取得的实践教学效果不够明显,开展实践的具体理论的可实施性、可推广性不足。在现实中,大学生大多存在思政理论知识与实践技能"两张皮"的问题。[①] 课堂学习与课后作业只是被学生看作常规化的课程内容,学生在完成过程中缺乏一定的积极性,同时也尚未形成较为完整的理论体系。其次,将理论付诸实践也需要根据具体的学校实践场景建设情况以及思政课教师信息素养、技术素养等具体情况而定,导致思政课实践教学现阶段难以达到理想的效果。由于技术赋能的思政课教学实践需要教师和学生具有较高的认知和相应的技术使用素养,对教师和学生的时间精力也具有较高的要求,并且要求学校具有较为完备的技术支持系统和软硬件设备设施,所以可能在部分高校无法为实际行动提供可靠的保证,导致思政课实践教学效率没有达到预想的效果。再次,高校开展思政课实践教学,教学平台必不可少,而当前思政课实践教学起步晚、发展慢、平台尚不丰富,更没办法形成实践教学体系,教学效果欠佳。[②] 最后,局限于部分高

---

① 顾以传,刘银华. 论新时代高校思政课实践教学模式创新［J］. 学校党建与思想教育,2020(24):57-58.

② 宿月荣. 高校思政课实践教学:全员化、具象化、全程化［J］. 教育理论与实践,2017,37(18):57-59.

校的平台建设及其相关软硬件基础条件的限制,可能存在理论与实践脱节的情况。我们应对这些问题继续提出相应的解决方案,以更好地实现数字时代用技术来赋能思政课教学理论学习、实践以及提高理论与实践融合程度的目标。

1. 理论＋技术创新路径,实现对象精准化的教学资源定制

当前数字技术呈现的理论资源尚未形成较为完整的体系,高校思政课实践教学中平台搭建链接主体不够全面,没有形成教师、学生、实践基地,包括场馆、社区、遗址等融合平台体系。针对这种现状,从如何提升实践教学的效能、统筹不同实践主体、完善实践体系、将技术融入具体实践场景的具体问题出发,依托思政课教学智慧平台,丰富学习资源、做好理论梳理,从教学内容、教学设计、教学场景、教学队伍和教学监督管理等多方面入手,切实提升思政课育人实效。聚焦虚拟技术承载教学过程,即教学理论内容的新形态呈现,先进技术能够让课堂内容"新"起来。思政课教师可以借助大数据、云计算、人工智能等信息技术手段,在海量信息中快速、便捷、高效地整合优质的素材内容,由此实现教学内容理论性、思想性、丰富性和趣味性的统一。例如,安徽大学依托安徽省高校网络思想政治工作中心,打造高校智慧思政平台,通过智慧思政课教学平台、思政虚拟仿真体验教学中心、教育新媒体联盟暨舆情分析中心等智能应用中心,丰富学习教育形式,使思政课更加深入浅出、有滋有味。

智慧思政课教学平台将不同端口融为一体,形成集课程教学、集体备课、虚拟画像、智能推送、线上检测、数字档案建立等于一体的线上线下融合教学模式。线上汇聚全省高校思政课教学名师,进行思政课专题内容定制,在史论结合、纵横比较、赓续传统中,讲透理论之道、讲深自信之基、讲活精神之源。云端学习一定程度上使专职思政课教师作用发挥更充分,而且还能更好地发掘、培养青年思政课教师。同时可以打破时空限制,让优质教育资源得以共享,让师生积极互动,让思政学习教育更加入脑入心。

与此同时,汇聚资源的精准推送创新路径表现为借助智能技术和大数据技术对学生进行全方位和动态性的信息记录与跟踪,为每位学生建立数字档案,制定相应的学习时长与学习效果标准,将每个学生的学习数据与群体数据进行对比,有效分析个体与群体的数据差异,从已有数据中寻找差异化内容,分析差异化内容背后的思想或情感方面的问题,进而进行资源的精准推送。教师结合数据分析优化教育形式、创新教育方法,调整具体课程设计方案,实现精准教学。这体现在资源结合与推送方面,一方面为学生提供精准资源推送,具体分析学生心理与实践数据,寻找问题和差异化根源;另一方面为教师提供可依据和参考的数据,进而调整教学与实践的方案,避免大水漫灌式教学,为每位学生提供精准方案设计,更有针对性地实施教学,为"大思政课"的建设提供资源精准供给,为理论与实践的融合做好资源的调配与选择。

2. 实践＋技术创新路径,实现技术组合化的教学时空延展

针对实践与理论脱节以及技术运用困境制约高校思政实践展开的问题,着眼于解决传统思政课教学的现实困境,包括教学理念单一化、教学模式陈旧化以及双主体结构构建不足等问题,教师不应只是单纯的课程理论宣讲者或思政内容的灌输者,而应是与学生进行积极互动的沟通者。通过不同技术组合形式,使技术参与创新的课程设计,解决思政课理论难入心的问题,从大水漫灌式教学发展至双主体的学生和教师共同探索实践学习的精准教学模式,最终落脚到具体的实践场域中,将"智能＋实践""VR＋实践""MR＋实践"结合大数据,采取不同技术结合的思政实践方式,根据班级人数、场地限制、时间限制、教学内容等现实问题和具体教学情境出发,设计出不同技术结合的教学实践场景,实现实践＋技术创新路径,让不同技术进行组合,进而延展教学时空,打破时间和空间局限性,解决受制于现实条件的理论脱节与实践的困境。

着眼于教学时空,先进技术手段能够延展思政课课堂时空。"互联网＋""VR虚拟仿真技术"等信息技术的发展应用,能够有效助力思政课教学超越传统的空间限制,实现思政课教学的线上与线下、校内与校外、虚拟与现实等多时空切换联动,推动家庭、学校和社会"同声合唱",形成全员、全过程、全方位纵横联动的育人格局。时空延展还体现在对思政课教室空间和应用进行设计上,优化"线上—线下""课内—课外"教学内容是思政课教学改革的抓手。例如,安徽大学思政虚拟仿真体验教学中心利用丰富的红色VR资源,特别是本地红色VR资源,为师生开展"大别山红色文化""精神谱系""革命英雄"等一系列互动式、沉浸式教学,让思政课学习教育更加引人入胜。该教学中心平台及时推出紧跟时政热点的"学百年党史 汇青春力量""党的二十大精神学习""我与党的二十大"等青年学子喜闻乐见的模块、专栏,致力于打造"三分钟微课堂",在参与、互动体验中提升思政课学习教育成效。此外,还可以举办主题阅读演讲音视频征集活动,如在党史故事高校接力讲述网络行动中,安徽省全省高校师生积极参与,讲述革命先辈故事、激发青春使命,全网关注量超百万人次。

实践＋技术路径创新对教师有着较高的要求,需要教师提高对网络空间的认知,善于使用最新的教学技术和教学手段,在内容和技术上进行融合式创新,具有辨别网络信息的能力,发现事物背后的逻辑,提高自己的信息素养,不断提升技术使用能力。教学内容拓展为技术使用的思政教学中的具体操作和实践方案,包括前期教学资源设计、教学准备实施、技术使用的课堂组织、课后巩固答疑以及课程内容形式反馈意见等流程,形成线下与线上、现实与虚拟相互影响、良性互动的新教学实践场景。其中,教学课堂中,针对不同技术使用的教学装置确定使用手册,VR 技术具体如 VR 教学终端、控制手柄、VR 控制台、AR互动黑板等操作提供了思政课程理论内容和具体技术形式结合的方案。提升教师相关能力水平,是真正实现实践＋技术创新路径的前提条件,如此才能实现技术组合下的教学时空与边界的延展。

3. 理论融入实践路径,实现浸润学生心灵的虚实社区搭建

针对理论与实践脱节的问题,应当统筹理论与实践内核,深化思政教育中概念知识点方法论讲授与具体实践场景的结合程度,在理论中引导实践,在具体的技术构建实践中引入理论,再在具体的场景中反哺理论、检验理论,完善理论内容的讲授,实现理论与实践辩证统一,再回到实践场景进行检验深化,这个过程依靠技术加持的实践来完成会更加高效、便捷。

理论融入实践,可以基于上述的 5G 网络技术、云计算、人工智能、数字孪生技术构建的教学平台,由教师搭建好虚拟社区,学生直接进入虚拟社区,借助虚拟具身实现实时交互,可针对具体主题展开讨论,实现师生、生生互动,不仅可实现主题讨论的功效,同时可实现虚拟空间的社群功能,在教师引领的话题中,实现全天候实时交互,展开课题讨论、实时交流以及话题探究。在这个过程中,学生可以树立正确的价值观念,即使在试错的虚拟情境中,也可以及时查看并回顾思考路径,获得启迪,进而在现实生活中树立正确的价值观念。此外,还可邀请不同行业工作人员进入虚拟社区,如司法工作者、社区工作者、脱贫攻坚一线人物、返乡创业大学生等,借助虚拟具身更加便捷和高效地展开虚拟实践,真正拓宽思政课学习的半径,践行"大思政"教育理念。同时,从教学载体上看,还可以借助微博、微信、短视频等新媒体技术的加持,不断丰富拓展"大思政课"教学载体,推动"课程思政、网络思政、日常思政、文化思政"等鲜活载体的有机联动。

遵循思政规律,坚持问题导向,构建参与感不断激发创造力的多主体稳态结构;在课程实践过程中,盘活已有网络思政资源,高校思政课相匹配的应用资源与实践需求倒逼个性化技术场景内容设计,从平台开放,资源共享,到最终构建鲜活、循环的高校网络思政可持续发展新生态,搭建浸润学生心灵的虚实社区。

从不同主体出发确定实践内容和方向,从内容研发、案例呈现、体系创新到实践落地,在具体思政实践场域进行验证并回归资源设计源头,进行新一轮的基于需求可以落地的实践内容建构。将思政理论和生动的技术形式进行结合,及时把理论成果转化为网络思政的教学内容,充分发挥技术+实践的具体形态特征,使得大学生在体验的过程中更加沉浸,转换成旁观者的角色,以第一人称视角学习、参与实践,激发更强烈的、真实的情感认同,时刻保持清醒的头脑。

7.4.3 研判技术使用中的伦理风险

技术的使用,尤其是组合技术的使用,可以使思政教学理论与实践内容结合更加紧密,拓展思政教学空间,为"大思政课"建设注入新鲜血液并为其赋能,增添思政课教学的活力。与此同时,也要研判技术使用过程中出现的问题。技术可以为思政课教学赋能,也可能存在过于重视技术而忽略内容或为了使用技术而使用技术的问题。所以,在技术使用之前,对可能存在的问题和风险进行研判,才能更好地增强技术使用的内生动力,完善思政课的理论与实践教学。

1. 审慎技术与教学关系,坚持内容为道、技术为器

技术可否替代人不仅仅是思政课教学领域需要思考的问题,技术的使用给教学带来了便捷和不可替代的作用,但并不意味着消解了教师的主体地位,或者说带来了教师的"退场",抑或是说教师只要"虚拟具身"便可完成教学过程。教师的在场尤为重要,所以处理好技术和教学的关系,在虚实融合的教学空间中,教师要预设好教学场景、设置好教学主题、设计好实践空间以及理论与内容结合的关键点,在教学过程中发挥主体作用,与学生共同构成思政教学空间的双主体。同时,教师在资源集成平台建设、算法模型设计、教学质量评价体系预设等环节发挥主导性优势,智能技术无法替代教师的思考,但可以辅助教师的判断和教学实践方案的设计。

把握技术与教学关系,避免陷入"唯技术"的旋涡。处理好技术与教学的关系,不仅体现在突出思政课教师主体位置方面,还体现在处理好理论实践内容和技术的关系,以理论为基石,采取多元化的实践形式,以内容为主、技术为辅,避免过度追求技术手段的创新而使内容空洞化,或者与理论脱节、与实践脱节,从而偏离教学目标和大纲内容。立足思政课教学目标,"大思政课"旨在培育担当民族复兴大任的时代新人,为学生传授知识、引领价值观、呵护心灵以及塑造人格,德润人心。所以,技术使用的过程中应避免过度重视技术而带来的失衡状况。

2. 谨防主流价值消解,守好思政课教学阵地

技术使用过程中,借助抖音、微博、头条以及公众号等平台或者虚拟现实平台、智慧思政平台等技术平台,学生和教师在使用过程中不可避免地会输入隐私信息等,可能会存在数字时代普遍存在的伦理风险,包括数字茧房、隐私泄露和算法歧视等伦理风险。所以,教师在选择平台以及内容资源推送平台时,要谨防主流价值消解,为学生过滤信息,坚持内容为道、技术为器,加强管控、防范风险、提前研判,让技术真正赋能"大思政课"建设。

技术服务于高校思政课理论与实践教学创新的路径中,要求在智能算法设置之前,对于平台嵌入算法进行伦理审视,做到对学生的信息分析公正合理,所以算法设计尤为重要。技术之器服务于教学之道,道德传承应坚守科技向善的理念,在探索技术赋能理论与实践教学时,构建虚拟空间、设计虚拟游戏路径、实现学生动态数据监测,以批判性与创新性相结合的理念反思技术过度嵌入问题,同时创新教学方式与方法,推进技术融入思政课教学的新路径。

积极探索人工智能、大数据、5G、VR 和 AR 等新兴技术手段融入"大思政课"教育教学的创新路径。① 建构多维的学习场域,实现教室小课堂、平台大课堂以及虚拟空间课堂的多维联动。拓展思政课教学半径,构建思政课教学空间,真正做到实践中德润人心,推动思政课与课程思政的融合、思政课与专业课建设之间的融合、理论讲授与实践育人的结合,从而更有质量地坚守思政课理论与实践融合教学阵地,真正达到全员、全过程和全方位育人的要求。

有效对接学校思政课教学、思政教育的具体需求,技术赋能思政课理论与

---

① 刘雪姣. 探索人工智能赋能高校思政教学模式创新［EB/OL］.（2022-09-01）［2023-02-01］. https://m. gmw. cn/baijia/2022-09/01/35995755. html.

实践教学。充分发挥好"大思政课"的作用，全面推进"大思政课"建设，是新时代高校思想政治理论课改革发展的新要求，是对思想政治理论课建设经验和建设规律长期认识的凝结与升华。数字时代技术赋能思政课理论与实践教学，在直面理论与实践结合新生态、技术构建思政教学新场域、虚实结合的资源整合新主题中思考教学理念的更新，在对象精准化的教学资源定制、技术组合化的教学场域构建、浸润学生心灵的教学场景设计中实现思政教学能力的提升。旨在提升理论与实践体系的融合度、精准化、创新力。

本 章 小 结

本章基于现象学路径来探讨虚拟现实技术具体案例的一般性和特殊性。如 VR 绘画区别于一般虚拟现实交互路径，创作者以身体空间这一处境的空间为基点，将身体意向投射在虚拟现实空间中，在以身体为图形-背景的知觉场中，不断拓宽知觉的触角。通过意向性的创作活动产生意义，破除了虚拟空间中身心分离的谜题。又如 VR 运动也是虚拟现实技术的新形式。虚实情境下 VR 运动的动力机制基于技术与身体结合的界面具有区别于传统运动的吸引力法则。在同感的简单、自动化的感知-运动机制下，虚拟身体与真实身体的同感构建之间的回环使得真实身体对虚拟身体发出指令的同时，虚拟身体也在实现对人类的"操纵"。身体与技术两个方向的适应具有完全不同的知觉发生原理。运用现象学理论分析 VR 中存在的晕动症，阐明技术进行空间位置锚定的现象学意义，以及 VR 运动中身体运动习惯与逆向运动学的动觉机制的差异，建立并优化听觉与视觉信息的身体参与的虚拟现实系统，其中真实身体与虚拟身体的实时映射减少了晕动症的出现。此外，结合 VR 电影尝试论述虚拟现实技术的未来形态，从现阶段虚拟现实技术的困境出发结合虚拟现实科幻电影来尝试推导虚拟现实"奇点"的技术形态。同时，紧密结合新时代技术使用场景，预防技术使用中的伦理风险，关注人-技关系之维，在具体实践场景中推动理论与教学结合范式的升格，并由此不断提升新时代高校思想政治理论课的质量和水平，从而更好地培养堪当民族复兴大任的时代新人。

第 8 章　总结与反思

8.1　总　　结

本书紧跟技术发展的步伐,探讨智能时代情境下的具体现象学哲学问题,基于现象学还原法、多重视角法、案例法等,以虚拟现实技术这种具象技术新形式为突破口,从技术现象学进路探讨身体与技术的关系,并尝试给予技术内省无法解决的技术困境以指导性方向。虚拟现实技术现阶段存在晕动症等技术难题,本质上是技术提供的类似"积木"累积的知觉模型不契合身体的知觉发生机制,身体与技术关系的不和谐导致了技术使用中的难题。同时,作为技术哲学代表人物之一的伊德的人与技术四种关系已经不适用于高技术的情境,尤其是走向虚实结合的智能时代的技术情境。技术困境的解决还原到技术哲思上来,同时技术哲学发展的内在动力呼唤虚拟现实技术情境下的人-技关系的边界延展。本书结合虚拟现实技术使用案例的新形式,将结论放在技术情境中验证,包括技术现象学中的空间、时间以及动觉机制等概念来具体阐释身体与技术,最终得出以梅洛-庞蒂身体理论为基础的现象学理论适用于阐释虚拟现实的技术情境,同时虚拟现实技术这种具象的技术新形式又为梅洛-庞蒂及其相关现象学理论增添了新的时代内容,并尝试用马克思主义技术哲学理论和方法论来阐明具体实践中的问题,如智能时代虚拟情境下的思政课教学中的问题与挑战及其应对策略。

本书对虚拟现实与客观实在的关系进行了阐释,并阐明了虚拟现实空间中的身体本质,这两项基础性内涵的界定为身体与技术关系的讨论奠定了基础,技术情境中的何为实、何为虚以及虚拟身体的本质内涵的界定为身体与技术关系讨论提供了理论前提。此外,本书研究了虚拟现实技术对于客观实在内容的再现与超越。超越性是人的创造性的体现,主体在与客体交互的过程中,获得了新的认知和体验,从虚拟主客体、中介与客观实在的关系论述了虚拟现实技术的交互过程本质特征,由此引入"虚拟实践"的概念。在身心一元的锚定前提下,本书阐明了知觉之于身体的首要地位,探讨了具身身体和虚拟身体的本质。

本书主要得出了以下结论:

第一,梅洛-庞蒂后期的研究中提出了"侵越"的概念,这一概念一开始用来形容本己身体,后来也用来形容身体与世界的关系。

本书把这个概念放在技术的情境中,尤其是放在具体技术中,即虚拟现实技术构建的虚拟空间中来创造性地探究身体与技术的关系,用这个概念意义来架起身体与技术的关系之桥,进而通过这种关系来详细论述身体与技术的双向关系,即身体如何"侵越"技术以及技术如何"侵越"身体。这两个方向的论述使得虚拟现实技术视域下的身体与技术的研究更加清晰,进而论证出身体与世界相互交织、身体也是具有可逆性的存在。

第二,从身体本位出发探讨虚拟现实技术情境下的身体之于技术的建构作用和存在机制,身体在技术设计过程中处于重要地位。

本书通过将现象身体与技术内容结合起来进行分析,将身体与技术的哲学命题结合新技术情境进行现象学审视。从身体的基础性地位开始展开论述,分析身体图式的动觉内涵,为虚拟现实技术的交互获得提供了基础性的架构。在此基础上,结合惯性动捕的技术案例,论述了虚拟现实技术建立虚拟身体,并用数据的算法来形成虚拟身体的"思考",进而填补交互过程中的身体肉身部位的隐藏导致的数据缺失。除了身体图式提供的基础性架构,身体技术的本源性内容为虚拟现实技术的产生和发展奠定了基础,同时,身体知觉为技术建构的知觉奠定了基础。在身体建构知觉的新模式中,技术不再是外在于身体的接触性的关系,而是一种无限贴合的增强人机黏性的关系。所以,技术设计建构与身体知觉相契合的符号语言,技术设计要有身体主体性思维,即从身体知觉出发,将技术放在一个身体主体性的地位来进行思考和互动。同时,也要将技术放在客体的位置上来进行思考和分析,并从与身体知觉进行契合的角度来设计。与此同时,技术经验来源于实践,技术经验的创新离不开身体,身体对技术具有十分特殊的作用。

第三,虚拟现实技术对身体的感觉和知觉维度有着特殊影响。

首先,技术调节身体的知觉内容,技术对于人的知觉的延伸和拓展是具有方向性的,并通过技术的放大-缩小结构来调节。其次,技术构建身体知觉结构,身体在虚拟情境中获得知觉体验,可以延伸身体知觉的触角、增添知觉图式的内容、拓宽知觉现象场的内涵边界,使得身体获得这种具象的技术形式的身体知觉,同时技术经验的积累可以促进现象习惯的获得。再次,虚实结合的技术形式、技术内容以及身体运动的参与,使得真实身体与虚拟身体结合带来了身体空间的衍生和身体习惯的变化,共同影响着知觉结构的形成。最后,技术经验不断积累的过程中,技术身体逐渐形成,同时,技术对身体的影响和对身体的知觉内涵的拓展也是技术身体的基础性转变的表现。

第四,身体与技术的回环结构是基于从身体沉浸在技术中的动态过程以及技术设计的过程等方向来思考人与技术的结构性关系的。

一方面是在知觉的动态建构过程中,从虚拟空间之中的身体知觉与技术知觉之间的相互解构与建构的关系,以及知觉体验的动态过程来细化身体与技术的回环结构。另一方面是从技术实践的角度来阐释身体技术的适应性和技术设计的“身体还原”特征。技术的来源以及身体知觉的来源之间是一种回环的结构关系。集合实践过程中对技术发展方向的指导性思考,一些技术弊端和现阶段无法解决的技术困境在这一过程中逐渐呈现出来。

第五,本书基于马克思主义哲学视域下的具体技术案例展开讨论。

VR 绘画区别于一般虚拟现实交互路径,创作者以身体空间这一处境的空间为基点,将身体意向投射在虚拟现实空间中,在以身体为图形-背景的知觉场中,不断拓宽知觉的触角。通过意向性的创作活动产生意义,VR 绘画体验丰富了身体图式的结构,突破了二元论关于虚拟空间是真实还是虚假的定义,破除了虚拟空间中身心分离的谜题。VR 运动也是虚拟现实技术的新形式。虚实情境下 VR 运动的动力机制是基于技术与身体结合的界面,具有区别于传统运动的吸引力法则。从镜像神经元的动作映射和情绪感染的神经基础出发,在同感的简单、自动化的感知-运动机制下,虚拟身体与真实身体的同感之间构建的回环,使得真实身体对虚拟身体发出指令的同时,虚拟身体也在实现对人类的"操纵"。身体与技术两个方向的适应具有完全不同的知觉发生原理。运用现象学理论结合前沿的 VR 运动技术系统,阐明前沿技术进行空间位置锚定的现象学意义,以及 VR 运动中身体运动习惯与逆向运动学的动觉机制的差异,建立听觉与视觉信息的身体参与的虚拟现实系统,真实身体与虚拟身体的实时映射可减少晕动症的出现。在具体教学实践活动中,数字时代技术赋能思政课理论与实践教学,在直面理论与实践结合新生态、技术构建思政教学新场域、虚实结合的资源整合新主题中思考教学理念的更新;在对象精准化的教学资源定制、技术组合化的教学场域构建、浸润学生心灵的教学场景设计中实现思政教学能力的提升。这些举措旨在提升理论与实践体系的融合度、精准化、创新力。

8.2　反　　思

8.2.1　本书的分析路径反思

本书通过现象学进路来探究现实技术中的身体与技术。一是证明哲学理论的时代性问题,即固有的哲学思考是否适应智能时代的新技术环境,梅洛-庞蒂现象学理论及其相关现象学理论在新时代的技术情境下是否具有现实意义? 论证技术现象理论是否具有可适用性? 以此疑问为切口,撕裂现象学理论和新技术之间的隔膜,用现象学理论以及马克思主义技术哲学理论来证明具象技术中的哲学经典谜题。二是探究技术困境能否求助技术哲学,通过论证技术新形式情境下的现象学理论,反观技术发展方向和路径。但是这些用一般性虚拟现实形式作为统一论证的内容是否适合更加具体的虚拟现实形式呢? 所以笔者又把关系理论放到虚拟现实技术案例中讨论其合理性,与此同时发现了其特殊性,又再一次丰富了已论证的身体与技术的内涵。笔者通过研究发现,这些跨学科的论证方式是具有一定的合理性的,技术哲学要紧跟技术发展的脉搏。如何把极其具象的实践内容阐释得符合哲学范式,这远比想象中要复杂,既需要有哲学思辨,又需要能够把抽象的哲学思考与具体技术情境相结合;既需要统而论之的哲学理论,又需要跟技术使用中的细节进行结合。同时,需要考虑虚拟现实伺服机制的现存问题,不可理想化地给予解决方案,要结合技术现实进行批判的、审慎的反思。

8.2.2 高技术的关系内容反思

通过本书对身体与技术的"侵越"的关系论述可以看出,身体与技术是相互影响、相互展开、相互构建以及相互引导的独特关系。身体在技术实践的过程中逐渐形成了身体技术,简而言之即身体使用工具等技术物的能力,这是一种内化在身体内的行为习惯,是独属于每个个体的身体技术。技术实践进程中,身体技术处于基础性的地位,正是有了身体技术的奠基作用,才有了丰富身体技术内涵的可能,即身体技术是一个开放的、不断融合新情境与新事物的系统,囊括着身体的技术实践痕迹,身体技术随着技术的创新、时代的变革、生活方式的改变等变化而转换着自身,进而形成不断开放的技术系统。身体技术的奠基作用以及技术实践进程中身体技术外延的不断拓展来源于技术的发展与创新。同时,技术使用中的困境使得技术设计者反思技术是否具有社会性特征,给予技术设计以指引性方向,即技术设计不可脱离身体,要契合身体、以身体为技术出发的原点,这样才能在技术体验的过程中更加贴合身体的格式塔特征,尤其是在虚拟现实的高技术情境中,才能让身体实现沉浸,进而进行多感知体验和自然的交互,而不受技术壁垒的隔绝产生身体的不适应性特征。

身体与技术相互交融,既有身体技术的奠基作用,又有技术融入身体的赛博属性,同时身体也融入技术,或者说身体的理念融入技术设计的过程中,使得身体与技术,乃至与世界呈现共同进化的关系特征。技术的每一次更迭构建了人的生活习惯和生存环境,技术又是人发明和创造出来的,设计者根据技术的弊端不断对其进行调适。虚拟现实技术的出现使得人的生存环境与技术环境不断融合,技术的发展以身体的知觉内容的拓展为中心来展开,尤其是智能时代的到来,人工智能技术的加持又使得身体技术和机能不断提升,技术与身体的回环结构也使得身体与技术的联系结构性在技术情境的发展背景下不断增强。

具身认知理论阐明了身体与世界交互的过程对知觉和认知内容的影响,同时,对于外在物质的思考和感悟也离不开身体的青睐与选择。在虚拟现实情境中,身体与技术交互过程的实现影响着技术的发展进程,同时身体参与的过程也是技术革新的过程,即技术不断调试、不断升级的过程,技术实践的内容与身体实践的内容息息相关。身体的参与过程也在诠释着身体的认知和理解,身体技术的革新在一方面反映着技术的进程,另一方面也是技术实践过程的基础。与此同时,不可忽略的是身体参与技术实践的社会性。实践的过程是社会的,受社会因素的影响,同时反向影响社会的生产方式以及人的生活方式。比如,随着虚拟现实技术的发展,VR 绘画、VR 直播、VR 医疗、VR 游戏和 VR 运动等技术与生活不断结合,极大地改变了人的生活方式,改变了人在绘画、游戏、就医、健身等方面的生活习惯。所以说,身体参与技术实践过程的社会层面无法被忽视,身体技术的参与在改变了技术实践内容和结果的同时,也丰富了人与技术在社会性层面的内容。

8.3　展　　望

通过对一般性和特殊性虚拟现实技术中的身体与技术的论述,从指导实践到丰富理论内涵,再到前沿实践与技术理论边界的拓展与具体细节的调整,笔者进行了深入的、细化的以及系统的探讨,解答了一些理论疑难,为一些技术的现实困境提供解决方案。希望在未来的研究中,将理论成果进一步推进。

第一,疫情期间出现的虚拟现实疗愈形式,是虚拟现实技术应社会发展需求而出现的新形式,经历了事故之后的部分人群会患有 PTSD(创伤后应激障碍),现阶段的有效疗法是基于想象暴露疗法的认知行为疗法,即通过在脑海里回放痛苦场面而达到重塑记忆、减轻痛苦的目的。虚拟现实技术用技术还原场景,不断叠合人们的记忆层形成戏剧化的想象空间,虚拟空间的内涵在这种“疗愈空间”中发生了变化,通过技术定制虚拟记忆,使得创伤、痛苦、压力以及抱怨等情绪开始转变,结合知觉的内容来探讨这种空间可以实现疗愈功能的原因以及方法,身体与技术的“侵越”关系没有发生质的改变,同时这种“侵越”关系的程度又加深了。技术现象学和心理学内容的结合如何更好地阐释这个问题,从现象学层面给予技术发展的身体还原视角,使得这种形式更好地发挥作用,以便用哲学思考指导下的技术实践来弥补创伤、改善生活。

第二,本书从现阶段虚拟现实技术的困境出发,结合科幻电影来尝试设想虚拟现实"奇点"的技术形态。虚拟现实"奇点"的技术形态实现了对自然知觉格式塔特征的契合,使得身体进入虚拟空间的方式摆脱了物质性的外在束缚而实现了真正意义上的沉浸,颠覆了时间和空间的限制,改变了人类介入虚拟空间的方式。但与此同时,科幻电影中技术情境下的身体技术"被拓展"的界限在于肉身被替代,即用技术遮蔽身体,最终导致身体的堕落与消逝。肉身被替代,思维被上传,身体以一种数据的形式储存,可是这样会导致一系列的伦理问题,失去了肉身的身体不再是一个完整的"我",同时性别的边界模糊甚至消失会导致身体主体性地位消失,由此引发的道德问题不容忽视。我们应保持自己的特殊性而不被盲目改造,技术设计者也要把握身体与技术相互建构的度,同时需要哲学家仔细省察,无论是哲学家还是设计者都应具有边界感。

第三,不同技术越来越呈现出融合的趋势,虚拟现实与人工智能以及大数据等技术的融合日益紧密,任何一种技术情境都无法剥离成一种具象的技术,这种更加综合和复杂的技术形式下的身体与技术关系呈现出相互交融、碰撞的趋势。智能时代的教育越来越呈现出具身与离身结合的方式,以身体的在场与否以及人工智能的参与与否作为智能时代教育样态的划分依据,阐释技术对于认知的影响,以及分析具身的内容范畴和分类形式。比如身体的不在场和智能在场的形式是技术高度参与教育的方式,人工智能赋能的教育的自学习算法所呈现的"具身模拟"变革具有深层意义。在此基础上思考当技术逐渐渗入生活时,我们应该对技术渗入的边界保持怎样的警惕与自省,同时了解身体与技术的关系,重视新技术情境下的身体面对智能技术挑战身体的价值与意义,我们应该不断丰富身体技术内涵,坚持丰富身体文化维度的内涵,以应对智能时代的挑战,同时技术的实践也给智能时代的技术构建提供了指导方向。

第四,虚拟现实绘画强调身体空间的本源性以及身体空间与虚拟空间的衍生关系。现阶段的虚拟现实绘画又和人工智能技术结合在一起,或者说当我们将虚拟现实技术弱化为一种艺术创作媒介之后,智能的意义便开始凸显,智能时代的艺术创作中,部分程序呈现的绘画成品的"技术痕迹"很重,像是简单修图软件的结果呈现。但与此同时,基于大数据的分析以及深度学习算法的智能绘画在模仿身体创作结果的同时无法获取创作过程,这一静态的结果认知区别于动态的创作思维的呈现,一方面技术的限制达不到完全意义上的"奇点"智能,另一方面感性的缺失以及过程的遗漏使智能艺术创作还有很长的路要走。这又回归到梅洛-庞蒂的身体与技术关系的内容层面,现阶段的智能技术无法取代身体,终究是身体的延伸。

后　记

　　我曾经很困惑，不知道自己擅长什么，可以做什么，要往哪里走。我也困惑于每个人生命这卑微的一瞬，在时间的长河里闪烁，在生活的浪涛里湮没，不知道生命的意义是什么，什么才是永恒。曾经写了很多文学作品，想着试图可以影响别人的思考，可以是一个瞬间、一次美的享受、一个故事、一个片段、一个句子，我总想给这世界留下点什么，告诉世界我活着不仅仅是一颗"螺丝"，不仅仅是一个"工具"，不仅仅是为了活着，我是有思考地活着，有灵性地活着，带着痛苦和喜悦地活着。可是我却发现，我用尽全力地"飞翔"依然是在屋头、在树丛、在小溪边，我终究是那么平凡和普通。于是，我常常在生活里找寻关于自己和他人生活的意义。我发现生活千篇一律，陷入了无意义论的泥淖，我有些失望，有些无可奈何。我对金钱无感、对地位无感、对世俗无感，我放着这样的大话依然在生活里寻寻觅觅。那个时候，我的世界里文学所占分量比较多，后来，当我自主选择了哲学，我发现曾经思考的"我是谁、我在哪、我要去往哪里"，不正是哲学三问吗？冥冥中，我撞见哲学，被迫开始学而又乐于学哲学。

　　在这个过程中，我抛下那些虚无的念想，开始学习科技哲学，开始观看科技电影，开始在回顾人类的历史、观看人类的现在、展望人类的未来之中不断被震慑，开始沉迷于虚拟现实烧脑电影，开始接触原来在未来没有肉身的数据和思想也可以存活，那这是不是永生？人类是不是可以忽略羸弱的肉体，可以忽略时间长河的一瞬而成为主宰？我开始思考，开始畅想，开始沉迷于科技给人类带来的变化，以及科幻世界中人类的未来形态和世界的未来形态。我发现，当这些科幻电影或者文学作品中遇到灵与肉、灵与灵、肉与肉等碰撞无解的时候,也就是当这些编剧百思不得其解,纠结于事情发展走向的时候,唯有用哲学来解答,用哲学来思考未来的走向,用哲学来进行逻辑上的自洽,用哲学来解答未知的困惑。科技哲学的学习使我更加务实,更加注重于实操,不知是时间的沉淀还是学科的造就,我开始想要证明自己,在成为一个优秀的人的路上卖力地走着。感谢科技哲学,让我开始没那么迷茫。

这一切都要感谢我的领路人汤书昆老师,有的时候我在笔记本上记下汤老师说的句子,等到半年后我才顿悟,汤老师曾经告诉过我,就是这样做的,汤老师原来早就说过要这样做。我终于体会到了这一种先见便为智慧,智慧的言语或者教导会超越学科界限和知识界限,而成为一种普适性言论,所以,每一次开会、每一次和汤老师讨论,我都认真听讲,因为我知道我一不留神就可能会错过智慧的言论。另外,汤老师在生活上和学术路上尊重我、启发我、引导我,我感到很温暖,我很庆幸遇到这么一位温良如玉的谦谦君子当我的老师。同时,我要感谢韩清玉老师,韩老师不厌其烦地教我学术论文的写作要领,给了我莫大的帮助以及鼓励,让我失望的时候充满信心,坚持不懈地努力。另外,我要感谢周荣庭老师、徐飞老师、孔燕老师、史玉民老师、刘仲林老师、黄志斌老师、陈发俊老师、李宪奇老师、杨多文老师、褚建勋老师、王高峰老师、董军峰老师、于全夫老师、苏月老师等,他们严谨治学的学术精神和宽以待人的态度深深地鼓舞着我。我还要感谢一起玩耍的好友们:郭延龙、沈佳斐、郑斌、朱椰琳、徐多毅、王学智、郭璐、朱赞、郑久良、王叶竹、柏江竹,还有很多实验室的友人们,他们都在我的学习和生活方面给了我很多温暖的帮助。

生活无疑琐碎,我站在人生路的交叉点上,踏踏实实地前行着。感谢我的家人们,使我可以无忧无虑地握一支笔、点一盏灯、读一本书。感谢他们吞下生活的琐碎,让我的世界里有一份纯粹,那份纯粹可以用来做学术,可以用来思考生活以外的事,可以用来在不知名的夜里于颅内"御风飞行"。感谢家人们,他们是我最坚强的后盾和最踏实的底气。

从前我总是想"要是……就好了",总是在赶路而从不看路、不看风景,只想着赶快到达目的地,现在回想曾经站在的那个人生路口,那些挚友、那些问候、那些普通的日常在现在的我看来却那么华丽,好想穿越时光回到过去,哪怕一日也好。可是又怎样呢,我们不还是被生活的洪流裹挟向前,无法停下脚步。所以,我不会把目光放在未来,现在的每一天就是我拥有着的每一天,是快乐的每一天。人生永远有追寻不完的目标,可在赶路的时候,请抬起头,感受夏夜的风,秋天的露,冬天的暖阳和春天的新芽。我想每一天都过上快乐的日子。我感谢自己付出的努力,让别人能看见我的才情和实力!

如果每一个人的寿命用快乐的日子来计算会怎样呢?所以,去做喜欢的事吧,去成为快乐的人,去成为让别人快乐的人,共勉。

苏　昕

2024 年 8 月 20 日